Großhaushalt

A. Schinkel

Reinigungs-technologie

Stam 7962

Stam Verlag   Köln · München

Verlag H. Stam GmbH
Fuggerstraße 7 · 51149 Köln
Fernruf (0 22 03) 30 29-0

ISBN 3-8237-**7962**-1

Inhaltsverzeichnis

1 Einführung

1.1 Grundlagen der Reinigung

Unter **Reinigung** versteht man die **Entfernung unerwünschter Substanzen von Gegenständen.**

Diese unerwünschten Substanzen bezeichnet man als **„Schmutz".** Man unterscheidet **Grobschmutz** (Zigarettenkippen, Getränkedosen, Papierreste usw.), der direkt ins Auge fällt und **Feinschmutz** (Staub, Rußteile usw.), der nicht unbedingt sichtbar ist. Schmutz kann fest, weich oder flüssig sein und bietet immer einen idealen Nährboden für Mikroorganismen.

Der Aufwand zur **Entfernung von Schmutz (Reinigung)** hängt davon ab, wie stark er am jeweiligen Werkstoff anhaftet. Weiterhin bestimmt die Löslichkeit der Verschmutzung den Reinigungsaufwand.

Tabelle 1.1 Entfernung unterschiedlicher Schmutzarten		
Eigenschaft des Schmutzes	Entfernung durch	Beispiele
wasserlöslich	wasserhaltige Reiniger	Staub Getränkeflecke Rußpartikel
wasserunlöslich	lösemittelhaltige Reiniger	Klebstoffreste Kaugummireste Teerrückstände Farbreste
oberflächenverändernd	Spezialmittel	Korrosionsrückstände (z.B. Rost, Patina)

Die Reinigung schließt häufig **Pflegemaßnahmen** automatisch mit ein. So ist z.B. die Fußbodenreinigung in vielen Fällen mit einer Pflegebehandlung verbunden. Dabei werden erwünschte Substanzen auf eine Oberfläche aufgetragen. **Desinfektionsmaßnahmen** können ebenfalls Bestandteil der Reinigung sein, sie bewirken eine Wachstumshemmung bzw. ein Abtöten von Mikroorganismen. Das Ergebnis der Schmutzentfernung ist **Sauberkeit.**

Die angestrebten **Ziele der Reinigung** sind vielfältig:

- *Beseitigen von Schmutz*
- *Sicherstellen des Hygienestandards*
- *Verhindern von Infektionen/ Hospitalismus*
- *Herstellen guter Optik*
- *Verhindern von Unfällen*
- *Erhalten der Werkstoffe und erhöhen der Lebensdauer*

Diese Ziele können in verschiedenen Häusern einen unterschiedlichen Stellenwert einnehmen. Ein Krankenhaus wird die Sicherstellung des Hygienestandards, verbunden mit der Verhinderung von Infektionen und Hospitalismus (s. Kapitel 5.4.3) als oberste Ziele ansehen, während für eine Tagungsstätte neben der Schmutzbeseitigung eher die Herstellung guter Optik im Vordergrund steht.

1.2   Reinigungsfaktoren

An einem Reinigungsvorgang sind vier verschiedene Faktoren beteiligt. Diese Faktoren werden im **Sinnerschen Kreis** dargestellt.

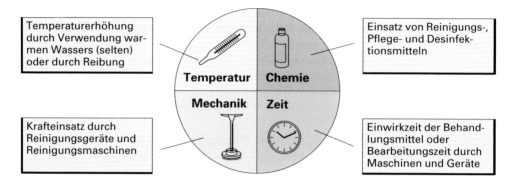

| Temperaturerhöhung durch Verwendung warmen Wassers (selten) oder durch Reibung | Einsatz von Reinigungs-, Pflege- und Desinfektionsmitteln |

| Krafteinsatz durch Reinigungsgeräte und Reinigungsmaschinen | Einwirkzeit der Behandlungsmittel oder Bearbeitungszeit durch Maschinen und Geräte |

Abbildung 1.1   Sinnerscher Kreis

Diese vier Faktoren sind bei den einzelnen Reinigungsverfahren in unterschiedlichem Umfang beteiligt. Der Faktor **Temperatur** spielt bei den meisten Reinigungsvorgängen – im Gegensatz zum Waschvorgang – eine untergeordnete Rolle, da in der Regel nur mit kalter/handwarmer Lösung gearbeitet wird. Beim Einsatz von Hochleistungsmaschinen (z.B. beim Poliervorgang) dagegen hat dieser Faktor durch die Reibungswärme eine entscheidende Bedeutung für den Reinigungsprozeß.

Aus Gründen einer besseren Umweltverträglichkeit sollten die im Betrieb eingesetzten Reinigungsverfahren einen möglichst geringen Anteil des Faktors **Chemie** haben, aber auch, um das Reinigungspersonal vor gesundheitlichen Gefahren und die Werkstoffe vor Beschädigungen zu schützen.

Eine Verringerung des Faktors **Zeit** (Arbeitszeit) spielt aus Kostengründen eine ganz wichtige Rolle. Da die Personalkosten bei der Reinigung den größten Ausgabenblock verursachen, hat die Organisation der Reinigung große Bedeutung für den Faktor Zeit.

Der Einsatz der **Mechanik** in Form von leistungsfähigen Maschinen hat sich im Laufe der Zeit immer weiter erhöht, insbesondere um bessere Reinigungsergebnisse zu erzielen und um Personalkosten zu reduzieren.

Verändert man beim Reinigungsvorgang einen dieser Faktoren, so wird mindestens ein anderer davon ebenfalls beeinflußt, denn für einen bestimmten Reinigungserfolg bleibt die Summe des Faktoreinsatzes immer gleich. Sie werden lediglich gegeneinander ausgetauscht. Wann eine Kombination dieser Reinigungsfaktoren optimal ist, hängt davon ab, welche Ziele man vorrangig verfolgt, z.B. Kostensenkung, Arbeitsentlastung des Personals oder Umweltverträglichkeit des Reinigungsverfahrens. Das folgende Beispiel soll die Wechselbeziehung zwischen einzelnen Reinigungsfaktoren verdeutlichen:

Beispiel: Im Sanitärbereich werden Kalkrückstände mit verschiedenen Reinigungsmitteln entfernt.

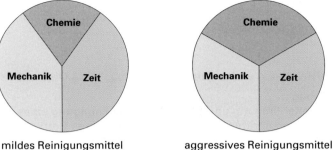

mildes Reinigungsmittel   aggressives Reinigungsmittel

Abbildung 1.2   Zusammensetzung der Reinigungsfaktoren bei der Verwendung verschiedener Reinigungsmittel

▶ *Fest anhaftender, gealterter Schmutz erfordert vermehrten Einsatz von Chemie und/oder Mechanik.*
▶ *Von den vier am Reinigungsvorgang beteiligten Faktoren – Temperatur, Chemie, Zeit, Mechanik – sollten die Faktoren Chemie und Zeit zugunsten der Mechanik reduziert werden.*

1.3   Reinigungskosten

Die Reinigungskosten sind in den meisten Betrieben der größte Block bei den laufenden Unterhaltskosten eines Gebäudes, daher sollten bereits bei der Gebäude- und Einrichtungsplanung reinigungstechnische Überlegungen mit einbezogen werden. Eine durchdachte Grundrißgestaltung und eine gezielte Auswahl der Werkstoffe und Einrichtungsgegenstände können diese Kosten von vornherein auf einem niedrigeren Niveau halten. Weiterhin kommt der Reinigungsorganisation eine ganz entscheidende Bedeutung bei der Kostenhöhe zu.

Bei den Gesamtkosten für die Gebäudeinnenreinigung entfällt der bei weitem größte Teil auf die Personalkosten. Im Durchschnitt aller Betriebe verteilen sich die einzelnen Bestandteile der Innenreinigungskosten wie folgt (Angaben des Bundesinnungsverbandes des Gebäudereinigerhandwerks):

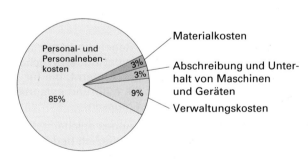

Abbildung 1.3   Kostenanteile für Gebäudeinnenreinigung

▶ *Die Personal- und Personalnebenkosten machen den größten Teil der Gesamtreinigungskosten aus, Kostenreduzierungen können nur hier angesetzt werden.*

● Welche Reinigungsfaktoren sind bei einer Trockenreinigung durch Kehren und Staubsaugen jeweils beteiligt? Vergleichen Sie die Wechselbeziehungen der Faktoren miteinander (s. Abbildung 1.2).

2 Reinigungsarten

2.1 Unterhaltsreinigung

Ziel
Laufende Reinigung und gegebenenfalls Pflege eines Objektes sicherstellen.

Durchführung
Die Unterhaltsreinigung umfaßt die laufende Reinigung eines Objektes. Die jeweiligen Hygienevorschriften oder -vorstellungen eines Betriebes bestimmen, welche Objektteile täglich oder mit anderen Häufigkeiten nach einem bestimmten Reinigungsverfahren trocken, feucht oder naß gereinigt werden sollen. Anfallende Reinigungsarbeiten sind Staub saugen, Staub wischen, Fußboden wischen, Sanitärobjekte naß reinigen, Abfall beseitigen, gegebenenfalls Fußboden pflegen und dergleichen.
Die tägliche Unterhaltsreinigung, z.B. in einem Kinderheim oder in einer Tagungsstätte, wird sicher weniger umfangreich ausfallen können als in einem Patientenzimmer eines Krankenhauses.

Kosten
- Sie sind abhängig vom gewählten Reinigungsverfahren (s. Kapitel 3).
- Sie sind geringer als bei einer Grundreinigung.
- Sie machen im Laufe eines Jahres den größten Anteil an den Gesamtreinigungskosten aus (ca. 80 %).

Beispiel: siehe Tabellen 2.1 und 2.2

2.2 Sichtreinigung

Ziel
Beseitigung der direkt ins Auge fallenden Verschmutzungen.

Durchführung
Als Sichtreinigung wird in der Regel die kürzer ausfallende, oberflächliche Unterhaltsreinigung bezeichnet. Sie findet z.B. an Wochenenden und Feiertagen statt. Es werden nur die Verschmutzungen entfernt, die für Bewohner/Patienten oder Besucher direkt sichtbar sind oder die aufgrund entsprechender Hygienebestimmungen (Krankenhaus) beseitigt werden müssen.

Im Leistungsverzeichnis des Betriebes erscheint die Sichtreinigung oft mit 0,5facher Häufigkeit, z.B. Fußboden wischen täglich bedeutet hier 6,5 mal pro Woche. Das bedeutet, daß für die Sichtreinigung nur ca. die Hälfte der Reinigungszeit angesetzt wird im Vergleich zur sonstigen Unterhaltsreinigung.

Kosten
Sie sind relativ gering bezüglich
- Personalkosten.
- Kosten für Reinigungsmaterial.
- Kosten für Geräte- und Maschineneinsatz.

Beispiel: siehe Tabellen 2.1 und 2.2

2.3 Grundreinigung

Ziel
Gründliche Reinigung und gegebenenfalls Pflege aller Objektteile sicherstellen.

Durchführung
Die Grundreinigung geht in Reinigungsumfang und -intensität deutlich über die Unterhaltsreinigung hinaus. Sie wird in größeren zeitlichen Abständen, etwa alle drei bis vier Wochen, alle drei bis vier Monate, halbjährlich, bei Patientenwechsel oder ähnlichen Anlässen vorgenommen. Fehlerhaft durchgeführte Unterhaltsreinigungen sind häufig der Grund für zusätzlich notwendige Grundreinigungen. Die Grundreinigung eines Raumes schließt weitgehend alle Schritte der Unterhaltsreinigung mit ein.

Kosten
Sie sind hoch bezüglich

- Personalkosten (lange Reinigungszeiten, qualifiziertes Personal, intensive Kontrolle).
- Kosten für Reinigungs- und Pflegemittel.
- Kosten für Geräte- und Maschineneinsatz.

Beispiel: siehe Tabellen 2.1 und 2.2

Die in den Tabellen 2.1 und 2.2 aufgeführten Reinigungsarbeiten sind als Beispiel zu verstehen, sie werden in den verschiedenen Häusern eventuell ausgedehnt oder eingeschränkt.

Tabelle 2.1	Vergleich von Unterhalts-, Sicht- und Grundreinigung am Beispiel eines Patientenzimmers in einer Kurklinik	
Unterhaltsreinigung	**Sichtreinigung**	**Grundreinigung** (zusätzlich zur Unterhaltsreinigung)
Patientenzimmer mit Teppichboden		

• lüften
• Gardinen korrekt ausrichten
• Betten machen
• Papierkorb leeren, ggfs. säubern oder Müllbeutel wechseln
• Tische, Stühle, Fensterbank, Heizkörper, Telefon, Sprechanlage, Wand- und Stehlampen feucht abwischen
• Türklinken, Griffspuren an den Türen feucht abwischen
• Fußboden saugen
	• lüften
	• Gardinen korrekt ausrichten
	• Betten machen
	• Papierkorb leeren
	• ggfs. vom Fußboden sichtbare Verschmutzungen entfernen
		• Decke und Wände entstauben
		• Deckenlampe feucht reinigen
		• Betten ab- und beziehen, Bettrahmen feucht abwischen
		• Matratzen und Polstermöbel absaugen
		• Schränke innen und außen feucht abwischen
		• Fußboden ggfs. grundreinigen (kann nur im ausgeräumten Zimmer erfolgen):
		  – Detachieren (Fleckentfernen)
		  – Shampoonieren oder Sprühextrahieren

Tabelle 2.2   Vergleich von Unterhalts-, Sicht- und Grundreinigung am Beispiel einer Naßzelle in einer Kurklinik

Unterhaltsreinigung	Sichtreinigung	Grundreinigung (zusätzlich zur Unterhaltsreinigung)
Naßzelle mit Steinboden		
• Abfalleimer entsorgen, ggfs. säubern oder Müllbeutel wechseln	• Abfallbehälter entsorgen	• Kalkränder an allen Objekten, Fliesen und Armaturen entfernen
• Waschbecken, Wanne/Duschbecken (einschl. Armaturen), WC naß reinigen	• Waschbecken, Wanne/Duschbecken (einschl. Armaturen), WC naß reinigen	• Fußbodengulli und Lüftungsgitter am Ventilator gründlich reinigen
• Spiegel, Ablage, Zahnputzgläser, Seifenschale, Handtuchhalter feucht/naß reinigen	• Zahnputzgläser, Seifenschalen feucht/naß reinigen	• Duschvorhang austauschen, Duschstange säubern
• Fliesen im Spritzbereich von Waschbecken, WC oberhalb der Wanne/im Innern der Duschkabine feucht/naß reinigen	• direkt sichtbare Verschmutzungen an Fliesen oder auf dem Fußboden entfernen	• Grundreinigen/Desinfizieren aller Objekte, Wand- und Bodenfliesen (sofern ein Desinfizieren vorgesehen ist)
• Türklinken, Griffspuren an den Türen feucht abwischen		• Fußboden naß scheuern
• Handtücher ggfs. wechseln		
• Fußboden naß wischen		

2.4   Zwischenreinigung

Ziel

Reinigung von Objektteilen sicherstellen, die nur in größeren oder unregelmäßigen Abständen oder bei Bedarf gereinigt werden.

Durchführung

Zunächst ist festzustellen, daß der Begriff „Zwischenreinigung" nicht in jedem Betrieb gleich gebraucht wird und somit die Angaben zu ihrer Durchführung variieren. In manchen Häusern setzt man die Zwischenreinigung mit der Sichtreinigung gleich, in anderen faßt man unter diesem Begriff alle Reinigungsarbeiten zusammen, die nur wenige Male im Jahr oder bei Bedarf anfallen. Im OP-Bereich versteht man darunter die Reinigung zwischen zwei Operationen. Trotz der unterschiedlichen Definitionen bleibt das genannte Ziel gleich.

Die **Häufigkeit** einer Zwischenreinigung ist ganz vom Objekt abhängig, z.B.

• *Fensterreinigung*	*2 bis 4mal jährlich*
• *Fensterrahmenreinigung*	*1mal jährlich*
• *Gardinenreinigung*	*2mal jährlich*
• *Fleckentfernung*	*bei Bedarf*

Zwischenreinigungen, die in einem festen zeitlichen Rhythmus im Betrieb anfallen, sollten seitens der Hauswirtschaftsleitung gezielt eingeplant werden. So müssen beispielsweise die Gardinen nicht in der Haupturlaubszeit oder in der für manche Betriebe arbeitsintensiven Vorweihnachtszeit gereinigt werden! Umgekehrt sollte die Planung genug zeitlichen Spielraum für kurzfristig anfallende Reinigungsarbeiten, für personelle Engpässe durch Urlaub oder erhöhten Krankenstand haben (s. dazu auch Tabelle 2.3).

In die Reinigungspläne der täglichen Unterhaltsreinigung müssen kurzfristig notwendige Zwischenreinigungen eingeschoben werden können. Das gilt in erster Linie für die Fleckentfernung auf Polstern und Teppichböden. Würde dies nicht in die Unterhaltsreinigung einbezogen, müßte später mit einem erheblichen zeitlichen Mehraufwand, mit einer möglichen Materialbeschädigung oder mit größerem Einsatz chemischer Mittel gerechnet werden. Umgekehrt ist es sinnvoll, solche Reinigungsarbeiten aus der täglichen Unterhaltsreinigung herauszunehmen, bei denen ein besonderes Arbeitsmittel mitgeführt werden muß, z.B. eine Leiter zur Reinigung hoher Schrankoberflächen. Diese Leistung ist besser als Zwischenreinigung einzuplanen.

Zwischenreinigungen können auch Teilreinigungen sein, die eine kostenintensive Grundreinigung hinausschieben sollen – zum Beispiel durch Cleanern von Hartbelägen (s. Kapitel 3.1.6).

Kosten
Sie sind abhängig vom jeweiligen Reinigungsobjekt.

Beispiele zur Durchführung einer Zwischenreinigung wären nur willkürlich, da die anfallenden Arbeiten je nach Reinigungsobjekt sehr verschieden sind.

Die mögliche **Planung** der Hauswirtschaftsleitung für vorhersehbare **Zwischenreinigungen** in einem hauswirtschaftlichen Betrieb zeigt die nachfolgende Tabelle.

Tabelle 2.3	Übersichtsplan für Zwischenreinigungen
Kalenderwoche	**Reinigungsarbeiten**
1. Woche	Entfernen der Weihnachtsdekoration
2. Woche	– – –
3. Woche	Etagenwäschelager Haus A und B
4. Woche	Wäschezentrallager, Nähstube
5. Woche	Etagenputzräume Haus A und B
6. Woche	Zentralputzraum, Kellerflure Haus A und B
7. Woche	Gardinenreinigung Haus A
8. Woche	– – –
9. Woche	Gardinenreinigung Haus B
10. Woche	Gardinenreinigung Eßraum, Eingangshalle, Verwaltung
.	
.	
.	
52. Woche	– – –

– – – = zeitlicher Spielraum für kurzfristig anfallende Reinigungsarbeiten, Personalausfall durch Urlaub oder erhöhten Krankenstand.

2.5   Bauendreinigung

Ziel

Reinigung nach Neu- oder Umbau sowie nach Renovierungsarbeiten, um das Objekt bezugsfertig zu machen.

Durchführung

Es handelt sich hierbei hauptsächlich um die Beseitigung von Handwerkerschmutz, wie z.B. Farb- und Kalkflecke, Zementablagerungen, Kleberreste, Schutzfolien und dergleichen.
Die Bauendreinigung findet im Haus von oben nach unten statt und auch innerhalb eines Raumes in dieser Reihenfolge. Ist eine Bauendreinigung (abschnittweise oder komplett) ausgeführt, so sollte sie sofort abgenommen werden; Reklamationen sind umgehend weiterzuleiten.

Kosten

Sie sind sehr hoch bezüglich

- Personalkosten (lange Reinigungszeiten, qualifiziertes Personal, intensive Kontrolle).
- Kosten für Reinigungs-/Spezialmittel, Kosten für Pflegemittel.
- Kosten für Geräte- und Maschineneinsatz.

Ein Beispiel zur Durchführung der Bauendreinigung soll hier nicht beschrieben werden, da sie ganz von den vorgefundenen Verschmutzungen und Werkstoffen abhängig ist.

▶ *Unterhaltsreinigung ist die laufende, tägliche Reinigung eines Objektes.*
▶ *Sichtreinigung ist eine kurze, oberflächliche Unterhaltsreinigung eines Objektes, die an Wochenenden und Feiertagen durchgeführt wird.*
▶ *Grundreinigung ist eine intensive, gründliche Reinigung eines Reinigungsobjektes, die in größeren Zeitabständen durchgeführt wird.*
▶ *Zwischenreinigung ist eine in unregelmäßigen Abständen oder nach Bedarf anfallende Reinigung einzelner Objektteile.*
▶ *Bauendreinigung ist die Reinigung eines Objektes nach Neu- oder Umbau für dessen Bezugsfertigkeit.*

---

❶ Stellen Sie für Ihren Betrieb eine Liste der zu reinigenden Gegenstände bei einer Unterhalts- sowie einer Grundreinigung gegenüber

   a) für einen Speiseraum
   b) für einen Aufenthaltsraum

❷ Vervollständigen Sie den Übersichtsplan für Zwischenreinigungen (s. Kapitel 2.4) bis zur 52. Woche nach eigenen Überlegungen. Bedenken Sie, daß manche der genannten Reinigungsleistungen mehrmals im Jahr anfallen können.

3 Reinigungsverfahren

In der gewerblichen Reinigung werden verschiedene Reinigungsverfahren angewandt, die sich unterscheiden durch

- die **Organisation** der einzeln aufeinander abgestimmten Arbeitsgänge,
- die **Technik** der eingesetzten Geräte und Maschinen und
- die **Chemie** der verwendeten Reinigungs- und Pflegemittel.

Reinigungsverfahren	
Horizontale Reinigung Reinigung der Fußböden	**Vertikale Reinigung** Reinigung aller Objekte ab Oberkante Fußboden (Überbodenreinigung) z.B. Mobiliar, Lampen, Fensterbänke, Heizkörper, Sanitärobjekte

3.1 Reinigungsverfahren der Horizontalreinigung

3.1.1 Trockenreinigungsverfahren

Das Trockenreinigungsverfahren ist – mit Ausnahme des Saugbohnerns – ein ausschließliches Reinigungsverfahren.

Ziel
Entfernung von feinem und grobem, **nicht anhaftendem Schmutz.**

Arbeitsmittel

| Besen | Handfeger und Kehrschaufel | Staubsauger | Bürstsauger | Saugbohnermaschine |

Durchführung
Die Trockenreinigung geschieht durch Kehren, Staub-/Bürstsaugen oder Saugbohnern. In kleinen Räumen oder bei stark überstellten Flächen wird manuell mit dem Besen gereinigt, häufig als Vorstufe eines anderen Reinigungsverfahrens, etwa des Naßwischverfahrens. Das Staubsaugen wendet man bei textilen Belägen an, aber auch – mit entsprechenden Bürstdüsen – bei Hartbelägen. Liegen beispielsweise einzelne Teppiche oder Brücken auf Hartbelägen auf, können beide Belagarten in einem Arbeitsgang gereinigt werden. Bürstsauger setzt man nur zur Reinigung textiler Beläge ein. Eine Trockenreinigung durch Saugbohnern ist nur für Hartbeläge geeignet. Mit Hilfe der Scheibenmaschine und des vorgeschalteten Saugaggregates kann gesaugt und gleichzeitig poliert werden.

Voraussetzung

Der Bodenbelag muß trocken sein, da sonst ein „Geschmiere" entsteht. Außerdem können Staubsauger durch Feuchtigkeit beschädigt werden, sofern sie nicht ausdrücklich für den Einsatz auf feuchten/nassen Belägen geeignet sind.

Beurteilung

Kehren und Staub-/Bürstsaugen sind umweltfreundliche Reinigungsverfahren, da ohne chemische Mittel gearbeitet wird. Sie sind vom Reinigungspersonal einfach zu erlernen. Die körperliche Belastung ist für die Mitarbeiter beim Kehren gering, beim Staubsaugen höher.

Das Kehren wird im hauswirtschaftlichen Betrieb nur bedingt eingesetzt, da durch den aufgewirbelten Staub der Reinigungserfolg sehr begrenzt ist. Außerdem ist es in vielen Betrieben nicht mit den Hygienevorschriften zu vereinbaren. Bei Verwendung von Kehrspänen (Holzspäne, die mit bestimmten Wirkstoffen getränkt sind) kann jedoch der Staub gebunden werden. Diese werden zum Beispiel in Werkstätten, in denen mit Holz gearbeitet wird, zur Staubbindung eingesetzt. Auch das Staubsaugen verursacht eine Staubentwicklung.

Das Saugbohnern ist ebenfalls umweltfreundlich und führt gegenüber den beiden anderen Verfahren zu einer geringeren Staubentwicklung. Es ist aber für das Reinigungspersonal recht anstrengend; das Führen der entsprechenden Maschinen ist nicht einfach und bedarf einer exakten Einweisung und einer gewissen Übung des Bedienungspersonals.

▶ *Der Reinigungserfolg ist beim Trockenreinigen wegen der Staubentwicklung begrenzt.*

❶ Informieren Sie sich über Arbeitsmittel zum Kehren (s. Kapitel 4.1.1).

❷ Informieren Sie sich über Bau und Funktion von Staub- und Bürstsaugern (s. Kapitel 4.1.7).

3.1.2   Feuchtwischverfahren

Das Feuchtwischverfahren ist ein ausschließliches Reinigungsverfahren.

Ziel
Entfernung von **aufliegendem** bzw. **lose anhaftendem Feinschmutz**.

Arbeitsmittel

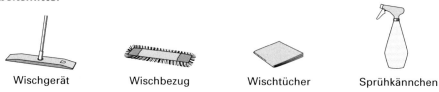

Wischgerät   Wischbezug   Wischtücher   Sprühkännchen

Durchführung

Zum Feuchtwischen wird ein Wischgerät mit Wischbezug (Textilbezug) oder Wischtuch (Vlies- oder Einmalgazetuch) benötigt. Man führt das Gerät mit einem nebelfeuchten Tuch in Form einer „8" über den Boden. Die Wischbezüge können direkt nach dem Waschen schleuderfeucht eingesetzt werden, um den Staub zu binden. Trockene Bezüge werden mit Wasser oder einem Staubbindemittel und der Hilfe eines Sprühkännchens manuell gesprüht. Einmaltücher sind vom Hersteller meist direkt mit Staubbindemitteln getränkt und lassen so den Staub anhaften.

Zunächst werden die Randzonen eines Raumes gereinigt, dann die Raummitte in einer durchgehenden Achterbewegung (s. Abbildung 3.1). Der Mop darf nicht vom Boden abgehoben werden und ist so zu führen, daß der Schmutz nur von einer Seite des Wischbezuges aufgenommen wird. Würde man das Wischgerät dagegen zickzackförmig auf der Fläche hin- und herführen, so würde der Schmutz jeweils zum Rand geschoben. Ein Nachreinigen dieser Schmutzränder ist dann nicht möglich, ohne die bereits gereinigte Raummitte wieder zu begehen. Hebt man das Wischgerät vom Boden ab, so bleiben an dieser Stelle Schmutzreste zurück. Beim Arbeiten im Rückwärtsgehen hat man die gereinigte Fläche vor sich und kann entstandene Arbeitsfehler besser erkennen und korrigieren.

Eventuell vorhandener Grobschmutz wird zuletzt mit dem Wischbezug oder -tuch aufgenommen und über dem Müllsack ausgeschüttelt.

Feuchtwischen auf schmalen Flächen

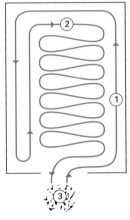

① Wischgerät an der Randzone entlang führen

② Raummitte in Achterbewegung reinigen

③ Zuletzt Grobschmutz aufnehmen

Feuchtwischen auf breiten Flächen

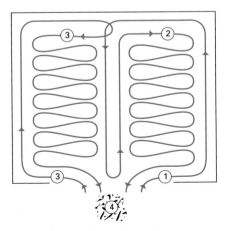

① Wischgerät an der rechten Randzone entlang und durch die Raummitte führen

② Mitte der rechten Raumhälfte in Achterbewegung reinigen

③ Wischgerät an der linken Randzone entlang führen, in die Achterbewegung übergehen und Mitte der linken Raumhälfte reinigen

④ Zuletzt Grobschmutz aufnehmen

Abbildung 3.1   Ablauf eines Wischvorgangs beim Feuchtwischen

Voraussetzungen

Dieses Reinigungsverfahren erfordert eine glatte, geschlossene Bodenfläche, die mit einem Pflegemittelfilm überzogen sein sollte. Das geschieht durch Auftragen eines Wischpflegemittels beim vorausgegangenen Naßwischen mit anschließendem Polieren oder durch Beschichten (Auftragen eines Pflegemittelfilms).

Zeigt der Boden auf Dauer an bestimmten Laufstraßen zu starke Abnutzungen des Pflegefilms oder Gehspuren, so wird gelegentlich durch Cleanern (s.u.) der entsprechende Pflegefilm ergänzt. Das Feuchtwischverfahren kann danach wieder problemlos durchgeführt werden. Hier ist eine sorgfältige Einweisung des Personals notwendig, damit die Entscheidung für den Cleanervorgang früh genug getroffen wird.

Beurteilung

Für das Reinigungspersonal bedeutet dieses Verfahren eine geringe körperliche Belastung bei gleichzeitig hoher Flächenleistung (Reinigungsfläche je Stunde). Es ist neben dem Kehren das kostengünstigste manuelle Reinigungsverfahren und ist in jedem Fall einer Trockenreinigung vorzuziehen, da kein Staub und damit keine Mikroorganismen aufgewirbelt werden. Aufgrund der deutlich geringeren Staubbelastung der Raumluft bleiben auch weniger Staubpartikel auf Einrichtungsgegenständen zurück.

Staubbelastung beim Kehren

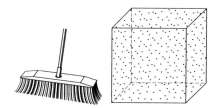

85 000 Staubpartikel pro m³ Luft

Staubbelastung beim Feuchtwischen

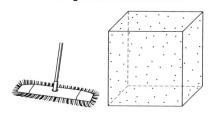

7 500 Staubpartikel pro m³ Luft

Abbildung 3.2   **Staubbelastung der Raumluft beim Kehren und Feuchtwischen**
Quelle: Lever Sutter AG Münchwilen

Weiterhin ist das Feuchtwischverfahren umweltfreundlich durch den Verzicht auf Chemiezusatz. Es kann auf allen wasserbeständigen Hartbelägen angewendet werden. Der richtige Feuchtigkeitsgrad des Wischbezuges ist unbedingt einzuhalten. Zu nasse Bezüge führen zu Schmierspuren, bei zu trockenen ist die Staubbindung zu gering.

Bei hohem Verschmutzungsgrad (Grobschmutz) bringt das Feuchtwischverfahren keinen ausreichenden Reinigungserfolg, das heißt, es ersetzt nicht das Naßwischverfahren. Vor allem nasser Schmutz (Eingangsbereich, besonders an Regen- oder Schneetagen) kann nicht entfernt werden. Haftende Verschmutzungen, wie zum Beispiel Getränkeflecke oder Absatzstriche, lassen sich durch Feuchtwischen nicht ablösen. Außerdem ist ein Desinfizieren grundsätzlich nicht möglich.

> ► *Der Reinigungserfolg durch Feuchtwischen ist bei losem Feinschmutz gut. Die Staub-entwicklung bleibt sehr gering. Die Flächenleistung ist groß bei gleichzeitig geringer Belastung des Personals.*

❶ Informieren Sie sich über verschiedene Arbeitsmittel zur Feuchtreinigung (s. Kapitel 4.1.2).

❷ Vergleichen Sie Vor- und Nachteile des Trockenreinigungs- und des Feuchtwischverfahrens miteinander.

3.1.3 Naßwischverfahren

Das Naßwischverfahren ist ein Reinigungs- und Pflegeverfahren. Es wird am häufigsten von allen Reinigungsverfahren zur täglichen Unterhaltsreinigung von Hartbelägen eingesetzt, kann aber auch bei der Grundreinigung zur Anwendung kommen.

3.1.3.1 Allgemeines zum Naßwischverfahren

Ziele

● Entfernung von **grobem, nassem Schmutz** (Straßenschmutz).
● Entfernung von **anhaftendem Schmutz** (Getränke-, Speiseflecke).

Je nach Wahl des Behandlungsmittels gleichzeitig:
● Auftragen eines **Pflegefilms**.
● **Desinfizieren** von Bodenbelägen.

Arbeitsmittel

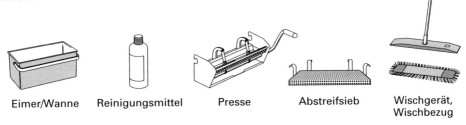

| Eimer/Wanne | Reinigungsmittel | Presse | Abstreifsieb | Wischgerät, Wischbezug |

Durchführung
Zum Naßwischen werden Eimer oder Wanne mit aufgesetzter Presse oder Abstreifsieb und ein Wischgerät mit Wischbezug benötigt. Das Reinigen erfolgt in zwei Arbeitsgängen. Im ersten wird die Reinigungsflotte (bestehend aus Wasser und Reinigungs- oder Wischpflegemittel) auf den Boden aufgebracht. Im zweiten Arbeitsgang nimmt man die Schmutzflotte (Reinigungsflotte plus gelöster Schmutz) auf.
Beim Naßwischen geht man in der gleichen Reihenfolge wie beim Feuchtwischen vor. Zunächst wird die Randzone und dann die Mitte eines Raumes in der beschriebenen Weise mit dem nassen Wischgerät abgegangen. Die Reinigungsflotte hat eine ausreichende Einwirkungszeit, um den Schmutz anzulösen. Im zweiten Arbeitsgang nimmt man mit dem trockenen oder stark ausgepreßten Wischbezug die Schmutzflotte auf.

Dem ersten Arbeitsgang kommt beim Naßwischen besondere Bedeutung zu. Hierbei wird die Reinigungslösung am Rand des Raumes und – bei breiten Räumen – zusätzlich in einer mittleren Bahn in ausreichender Menge aufgetragen. Bei der dann folgenden Achterbewegung kann der Wischbezug jeweils von diesen seitlichen „nassen Bahnen" wieder Reinigungslösung aufnehmen (s. Abbildung 3.3). Würde dieses „Nachtränken" des Wischbezuges nicht eingeplant, müßte dieser eventuell nach der Hälfte der Fläche erneut in die Lösung eingetaucht werden. Ein solcher zusätzlicher Arbeitsgang entfällt jedoch bei dem beschriebenen Ablauf.

In der Praxis wird sich die beschriebene Vorgehensweise beim Wischvorgang nur auf freien Flächen (Flur, Halle) so exakt verwirklichen lassen. Bei möblierten Flächen beginnt man ebenfalls an den Randpartien, reinigt dann die überstellten und zum Schluß die freien Flächen.

Naßwischen auf schmalen Flächen

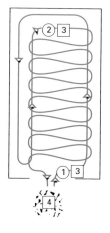

① Reinigungsflotte mit Wischgerät an der Randzone auftragen.

② Reinigungsflotte in Achterbewegung in der Raummitte auftragen; Mop nimmt jeweils rechts und links von der Randzone Reinigungsflotte auf.

③ Beide Strecken in gleicher Reihenfolge mit trockenem Mop abgehen und Schmutzflotte aufnehmen.

④ Zuletzt Grobschmutz aufnehmen.

Naßwischen auf breiten Flächen

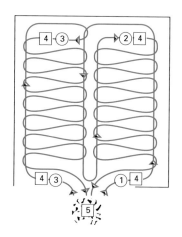

① Reinigungsflotte mit Wischgerät an der rechten Randzone und in der Raummitte auftragen.

② Reinigungsflotte in Achterbewegung in der rechten Raumhälfte auftragen; Mop nimmt von der rechten Randzone und von der Mittelbahn Reinigungsflotte auf.

③ Reinigungsflotte an der linken Randzone auftragen und anschließend mit Achterbewegung auf die gesamte linke Raumhälfte auftragen.

④ Beide Flächen in gleicher Reihenfolge mit trockenem Mop abgehen und Schmutzflotte aufnehmen.

⑤ Zuletzt Grobschmutz aufnehmen.

Abbildung 3.3   Ablauf eines Wischvorgangs beim Naßwischen

Als Zwischenlösung zwischen dem Feucht- und Naßwischverfahren gilt das **„Halb-naßverfahren"**. Hierbei wird wie beim Naßwischen der Mop in die Reinigungslösung getaucht und anschließend ausgepreßt, bis er den gewünschten Feuchtigkeitsgrad (halbnaß) erreicht hat. Dann reinigt man wie beim Feuchtwischen den Boden in nur einem Arbeitsgang (einstufiges Naßwischen).

Voraussetzung

Das Naßwischverfahren kann auf allen wasserfesten Hartbelägen eingesetzt werden. Es ist aber zu prüfen, ob auch die Ecken und Wandabschlüsse wasserfest ausgeführt sind.

Beurteilung

Das Naßwischverfahren bringt im Vergleich zum Feuchtwischverfahren einen größeren Reinigungserfolg. Auch ist ein gleichzeitiges Desinfizieren möglich, da der Boden ausreichend lange benetzt wird. Die einzelnen Arbeitsschritte sind vom Reinigungspersonal relativ leicht erlernbar. Eine Berührung der Reinigungslösung oder Schmutzflotte wird vermieden, so daß die Gefahr von Hautallergien oder Verletzungen durch Splitter oder Scherben verringert ist. Wird ein Wischpflegemittel zum Naßreinigen benutzt, so wird die Bodenfläche im gleichen Arbeitsgang gepflegt. Das Verfahren selbst bringt keine Umweltbelastung mit sich, sie kann aber durch unüberlegte Wahl der Behandlungsmittel oder durch übermäßigen Wasserverbrauch entstehen.

Im Vergleich zum Feuchtwischen hat das Naßwischverfahren eine geringere Flächenleistung. Für einen Gesamtvergleich muß aber berücksichtigt werden, wie oft bei dem weniger gründlichen Feuchtwischen ein Cleanervorgang (s. Kapitel 3.1.6) zwischenzuschalten ist. Wird das zu häufig notwendig, so kann die Flächenleistung beim Naßwischen durchaus gleich oder günstiger ausfallen. Für das Reinigungspersonal bringt das Naßwischen jedoch eine größere Anstrengung mit sich als das Feuchtwischen.

Wird mit zu großen Wassermengen gearbeitet, so können Tisch- oder Stuhlbeine, Holzverkleidungen, Möbel, Wände und dergleichen bespritzt und langfristig beschädigt werden. Holz quillt durch Wasser auf und wird spröde.

> ▶ *Der Reinigungserfolg beim Naßwischen ist auch bei anhaftendem Schmutz groß. Ein Desinfizieren und/oder Pflegen ist gleichzeitig möglich. Die Flächenleistung ist geringer als beim Feuchtwischen bei gleichzeitig größerer Belastung des Personals.*
> ▶ *Zunächst Randzonen eines Raumes reinigen, anschließend Raummitte in durchgehender Achterbewegung abgehen. Wischgerät nie vom Boden abheben, da sonst Schmutzreste zurückbleiben.*

3.1.3.2   Zwei-Eimer-Methode / Einweg-Mop-Methode

Das Naßwischverfahren wird je nach Wahl der Arbeitsgeräte in **zwei verschiedenen Methoden** durchgeführt:

● *Zwei-Eimer-Methode*   ● *Einweg-Mop-Methode*

Durchführung

Bei der **Zwei-Eimer-Methode** setzt man den Doppelfahreimer oder zwei Reinigungswannen mit Presse ein, bei der **Einweg-Mop-Methode** dagegen eine Reinigungswanne mit Abstreifsieb. Weiterhin gehören zur Ausrüstung jeweils ein Wischgerät mit Wischbezug bzw. mit mehreren Wischbezügen.

In beiden Fällen erfolgt die Reinigung in zwei Arbeitsgängen: Zuerst trägt man die Reinigungsflotte auf den Boden auf, danach wird die Schmutzflotte aufgenommen. Der Unterschied zwischen den beiden Methoden besteht in der Zahl der verwendeten Mops. Bei der Zwei-Eimer-Methode wird nach dem ersten Arbeitsschritt (Auftragen der Reinigungsflotte auf den Boden) der Mop ausgewaschen, ausgepreßt und dann zur Aufnahme der Schmutzflotte weiterverwendet. Bei der Einweg-Mop-Methode wechselt man jeweils nach dem ersten Arbeitsgang den Mop aus und nimmt mit einem neuen, sauberen Mop die Schmutzflotte auf. Damit wird eine Verunreinigung der Reinigungslösung beim Wiedereintauchen der Mops verhindert, was bei der Zwei-Eimer-Methode dagegen der Fall ist.

Tabelle 3.4	Gegenüberstellung der Arbeitsschritte bei der Zwei-Eimer-Methode und der Einweg-Mop-Methode	
	Zwei-Eimer-Methode	**Einweg-Mop-Methode**
Arbeitsschritt	**Reinigungsvorgang**	**Reinigungsvorgang**
1.	Reinigungslösung nach Vorschrift ansetzen, Schmutzwassereimer zur Hälfte mit Wasser füllen	Reinigungslösung nach Vorschrift ansetzen
2.	Mop auf der Presse einspannen	Mob auf dem Abstreifsieb einspannen
3.	Mop in die Reinigungslösung eintauchen	Mop in die Reinigungslösung eintauchen
4.	Mop auf der Presse ausdrücken	Mop auf dem Abstreifsieb ausdrücken
5.	Bodenfläche wischen solange Mop Feuchtigkeit abgibt	Bodenfläche wischen solange Mop Feuchtigkeit abgibt
6.	Mop im Schmutzwassereimer auswaschen	gebrauchten Mop in vorgesehenen Behälter geben
7.	Mop kräftig auspressen	neuen Mop einspannen
8.	Schmutzflotte vom Boden aufnehmen	Schmutzflotte vom Boden aufnehmen
9.	Mop im Schmutzwassereimer auswaschen, kräftig auspressen	Mop in vorgesehenen Behälter geben
	weiter mit **3.** Arbeitsschritt	weiter mit **2.** Arbeitsschritt

Die Zwei-Eimer-Methode und die Einweg-Mop-Methode können beide sowohl zum Naßwischen als auch zum Feuchtwischen eingesetzt werden, der Wischbezug muß zum Feuchtwischen allerdings ausreichend stark ausgepreßt werden. Das setzt als Arbeitsgerät bei einer Reinigungswanne die Verwendung einer Presse anstelle des Abstreifsiebes voraus (s. Kapitel 4.1.3).

► *Ablauf der Zwei-Eimer-Methode:*
  1. Schritt: *Reinigungsflotte auf dem Boden verteilen, Mop auswaschen*
  2. Schritt: *Schmutzflotte aufnehmen*

► *Ablauf der Einweg-Mop-Methode*
  1. Schritt: *Reinigungsflotte auf dem Boden verteilen, neuen Mop einspannen*
  2. Schritt: *Schmutzflotte aufnehmen*

Beurteilung der Zwei-Eimer-Methode

Der **Vorteil** dieser Methode liegt in den relativ geringen Kosten für Anschaffung und Reinigung der Mops. Je nach Hygienevorstellung des Betriebs werden die Mops unterschiedlich häufig gewechselt, zum Beispiel jeweils nach fünf Zimmern, nach einer Etage, nach der gesamten Hausreinigung oder zwischenzeitlich nach Bedarf. Die Anzahl der bereitzustellenden und zu reinigenden Mops ist also begrenzt.

Die **Nachteile** der Zwei-Eimer-Methode sind dagegen relativ zahlreich. Es fallen höhere Personalkosten an, da die Flächenleistung bei dieser Methode geringer ist als bei der Einweg-Mop-Methode. Das ist vor allem auf die Rüstzeiten für das zwischenzeitliche Entleeren, Auswaschen und Nachfüllen der Reinigungseimer zurückzuführen. Weiterhin muß nach jedem Arbeitsschritt der Mop ausgewaschen und ausgepreßt werden, was ebenfalls Zeitaufwand erfordert.

Auch aus ergonomischer Sicht ergibt sich eine ungünstige Beurteilung, da die Bedienung der Moppresse für das Personal eine große Kraftanstrengung bedeutet.

Der Wasserverbrauch ist relativ hoch, weil sowohl Wasser für die Reinigungsflotte als auch zum Auswaschen der Mops (zweiter Eimer) gebraucht wird. Da der Mop auch nach dem Auswaschen noch etwa ein Drittel des Schmutzwassers zurückhält, wird die Reinigungsflotte allmählich verunreinigt und muß mit zunehmender Verschmutzung erneuert werden. Das enthaltene Reinigungsmittel wird somit nicht komplett ausgenutzt. Der große Wasser- und Reinigungsmittelverbrauch bedeutet eine Umweltbelastung.

Für den Einsatz im klinischen Bereich bringt diese Methode einen schwerwiegenden Nachteil mit sich, nämlich die mögliche Keimverschleppung. Da der Mop immer im selben Wasser ausgewaschen wird, können Keime von einem zum anderen Zimmer und sogar über eine ganze Station verschleppt werden.

Insgesamt kann man feststellen, daß die Zwei-Eimer-Methode den Hygienevorstellungen/-vorschriften im Krankenhaus nur bedingt gerecht werden kann. Für Häuser mit geringeren Anforderungen an den Hygienestandard bringt sie ein gutes Reinigungsergebnis.

Beurteilung der Einweg-Mop-Methode

Der entscheidende **Vorteil** dieser Methode liegt in ihrer sehr hohen Flächenleistung, da keine zwischenzeitlichen Rüstzeiten anfallen für das Entleeren des Schmutzwassereimers und für den eventuell notwendigen Austausch der Reinigungslösung. Der Mopwechsel zwischen erstem und zweitem Arbeitsgang (Auftragen der Reinigungslösung und Aufnehmen der Schmutzflotte) geht ebenfalls schneller als das Auswaschen und Auspressen des Mops bei der Zwei-Eimer-Methode. Daher fallen niedrigere Personalkosten an. Der Verbrauch an Wasser und Reinigungsmitteln ist geringer, da die angesetzte Lösung komplett verbraucht werden kann, ihr Austausch wegen Verschmutzung ist überflüssig. Der zweite Eimer – zum Auswaschen des Mops – entfällt bei dieser Methode. Wenn die Reinigungsleitung darauf achtet, daß nur soviel Reinigungslösung angesetzt wie auch tatsächlich verbraucht wird, ist die Umweltbelastung in dieser Beziehung gering.

Auch unter ergonomischen Gesichtspunkten ist diese Methode recht günstig, da das Personal körperlich nur gering belastet wird. Eine Keimverschleppung von einem zum anderen Zimmer ist hier ausgeschlossen.

Die wichtigsten **Nachteile** der Einweg-Mop-Methode sind die hohen Anschaffungskosten und vor allem die erheblichen laufenden Kosten für die Mopreinigung. Jeweils für etwa 10 bis 15 Quadratmeter eines Hauses braucht man täglich zwei Mops. Die entstehenden Kosten hängen in entscheidendem Maße von dem Gewicht der ausgewählten Mops ab. Durch Verbrauch von Wasser, Energie und Waschmitteln stellt die Mopwäsche natürlich auch eine Umweltbelastung dar.

Bei dieser Methode muß somit ständig eine enorme Menge an Mops zwischen Reinigungspersonal und Wäscherei (eigener oder fremder) reibungslos zirkulieren. Aus organisatorischen Gründen (hohe Rücklaufzeiten) wird in den meisten Betrieben die Mopwäsche im eigenen Haus vorgezogen. Das bedeutet aber, daß eine Spezialwaschmaschine angeschafft, aufgestellt und regelmäßig gewartet werden muß.

Zusammengefaßt läßt sich jedoch feststellen: Die **Einweg-Mop-Methode** genügt **höchsten Hygieneansprüchen** und ist im klinischen Bereich allen anderen Reinigungsverfahren überlegen.

Die nachfolgende Tabelle 3.5 vergleicht den Verbrauch an Mops und die dadurch entstehenden Mopreinigungskosten beim Feuchtwischverfahren und beim Naßwischverfahren. Durch **Kombination der beiden Verfahren** lassen sich die Mopreinigungskosten deutlich senken. Aus diesem Grund sollte man alle Flächen eines Hauses kritisch prüfen, ob tatsächlich der gesamte Boden täglich naß gereinigt werden muß.

Tabelle 3.5 Ermittlung von Mopverbrauch und Mopreinigungskosten (relativ)				
Beispiel: Betrieb mit 3.000 m² Reinigungsfläche; Reinigung an 6 Tagen/Woche Mopreinigungskosten: bei allen Verfahren gleicher Betrag je Mop				
Verfahren/Methode	Anzahl der benötigten Mops pro Tag	pro Woche	pro Jahr	Mopreinigungskosten
1. Beispiel 6mal pro Woche Naßreinigung Einweg-Mop-Methode mit 2 Mops/10 m²	600	3 600	187 200	100 Prozent
2. Beispiel 3mal pro Woche Naßreinigung Einweg-Mop-Methode mit 2 Mops/10 m² 3 mal pro Woche Feuchtreinigung mit 1 Mop/10 m²	600 300	1 800 900 2 700	140 400	75,0 Prozent von Beispiel 1
3. Beispiel 3 mal pro Woche Naßreinigung Einweg-Mop-Methode mit 2 Mops/10 m²	600	1 800	93 600	50,0 Prozent von Beispiel 1

Zu den in der Tabelle 3.5 dargelegten Einsparungsmöglichkeiten bei den Mopreinigungskosten kommen noch weitere Kostenreduzierungen durch geringere Reinigungszeiten (Personalkosten) und durch geringeren Wasser- und Reinigungsmittelverbrauch hinzu. Um eine Kombination des Feucht- und Naßwischverfahrens problemlos durchführen zu können, ist bei der Anschaffung der Arbeitsmittel eine mögliche Zweifachnutzung zu berücksichtigen.

Mopreinigungskosten für die Zwei-Eimer-Methode sind schwer anzugeben, da die Häufigkeit des Mopwechsels sehr unterschiedlich ist. Es kann nur eine Etage mit dem Mop gereinigt werden oder ein ganzes Haus! Somit liegt es an der Reinigungsleitung, die Austauschhäufigkeit vorzugeben und entsprechend zu kalkulieren.

Tabelle 3.6   Gesamtvergleich: Zwei-Eimer-Methode und Einweg-Mop-Methode

Merkmal	Zwei-Eimer-Methode	Einweg-Mop-Methode
Flächenleistung	gering	hoch
Keimverschleppung	ja	nein
Körperliche Belastung des Personals	hoch	gering
Umweltbelastung	hoch	gering/mittel
Hautreizung/ Verletzungsgefahr	nein	nein
Investitionskosten		
● Wischgerät, Eimer Wanne, Presse	kein Unterschied zwischen den Methoden	
● Mops	gering	hoch
laufende Kosten		
● Personalkosten	hoch	gering
● Verbrauchskosten	hoch	gering
● Mopreinigungskosten	gering	hoch

❶ Vergleichen Sie die Ziele des Feucht- und Naßwischverfahrens miteinander.

❷ Warum muß sowohl beim Feucht- als auch beim Naßwischverfahren die durchgehende Achterbewegung des Wischvorgangs unbedingt eingehalten werden?

❸ Begründen Sie die unterschiedliche körperliche Belastung des Personals bei der Zwei-Eimer-Methode und der Mop-Wechsel-Methode.

❹ Beurteilen Sie die auftretende Umweltbelastung bei der Zwei-Eimer-Methode und der Mop-Wechsel-Methode.

❺ Welche(s) Verfahren würden Sie für die Unterhaltsreinigung der Fußböden in den folgenden Räumen empfehlen? Alle Räume sind mit PVC-Belägen ausgestattet. Begründen Sie Ihre Empfehlungen.
   a) Patientenzimmer in einem Krankenhaus
   b) Speisesaal in einem Altenheim
   c) Büroräume in einer Kurklinik

3.1.4   Einsatzmöglichkeiten von Feucht- und Naßwischverfahren

Beide Verfahren, das Naß- und das Feuchtwischen, werden überall dort eingesetzt, wo aufgrund geringer Objektgrößen oder großer Überstellflächen der Einsatz von Reinigungsautomaten nicht möglich oder nicht lohnend ist. Dazu gehören Treppen, Teeküchen, Toiletten, Patienten-/Bewohnerzimmer und dergleichen.
Manche Betriebe entscheiden sich zum Beispiel bei der täglichen Unterhaltsreinigung für eine Kombination beider Verfahren, und zwar jeweils drei Tage Feuchtreinigung oder Halbnaßreinigung und drei Tage Naßreinigung. Andere Kombinationen

sind ebenfalls denkbar. Weiterhin kann man sich für unterschiedliche Behandlungen der Raumflächen entscheiden. So könnte an zwei Tagen pro Woche die gesamte Raumfläche naßgewischt werden, an den übrigen Tagen dagegen nur die Laufstraßen; der Rest der Fläche wird dann nur feucht (halbnaß) gereinigt. Damit lassen sich Reinigungskosten deutlich reduzieren.

> ▶ *Kombinationsmöglichkeiten von Feucht- und Naßreinigung prüfen, um Kosten einzusparen.*

3.1.5   Naßscheuerverfahren

Das Naßscheuerverfahren ist ein ausschließliches Reinigungsverfahren.

Ziele
- Entfernung von **stark anhaftendem** oder **gealtertem Schmutz**
- Entfernung von **Pflegefilmresten**

Arbeitsmittel

| Scheibenmaschine | Wassersauger | Reinigungs automat | Reinigungsmittel | Randpads |

Durchführung
Zum Naßscheuern von Fußbodenbelägen führt man Scheibenmaschinen oder Reinigungsautomaten (Scheuersaugmaschinen), die mit harten Schrubbürsten oder Pads ausgestattet sind, in gleichmäßigen Bahnen über die Bodenfläche. Eine Reinigungslösung gelangt direkt unter die rotierenden Bürsten, die den Boden mit großer mechanischer Leistung bearbeiten. Wählt man Scheibenmaschinen für die naßscheuernde Reinigung, so muß anschließend die Schmutzflotte mit einem Naßsauger abgesaugt werden, der Reinigungsautomat dagegen führt Scheuern und Absaugen in einem Arbeitsgang durch.
Für sehr kleine Flächen, die maschinell nicht erreichbar sind, setzt man Randpads (s. Kapitel 4.1.3) zum manuellen Naßscheuern ein.

Voraussetzung
Das Naßscheuerverfahren kann auf allen wasserfesten Hartbelägen eingesetzt werden. Je nach Art des Bodenbelages ist die Maschine mit unterschiedlich harten Schrubbürsten bzw. Pads auszurüsten. Voraussetzung für den wirtschaftlichen Einsatz von Reinigungsautomaten sind große freie oder wenig überstellte Flächen.

Beurteilung
Der Reinigungserfolg dieses Verfahrens ist deutlich besser als beim einfachen Naßwischen, da mit sehr viel größerer mechanischer Leistung gearbeitet wird. In Räumen mit starker Verschmutzung (z.B. in Großküchen) oder bei Grundreinigungen von Fußbodenbelägen wird das Naßscheuern grundsätzlich angewandt.
Die Flächenleistung mit einer Scheibenmaschine ist geringer als mit einem Automaten, da die Maschine langsam und möglichst in kreisenden Bahnen geführt werden

soll. Außerdem kommt ein zweiter Arbeitsgang hinzu, bei dem die Schmutzflotte aufgesaugt wird. Der Zeit- und Kostenaufwand ist damit recht hoch. Für das Reinigungspersonal ist das Führen der Scheibenmaschine sehr anstrengend und sollte nicht über eine zu lange Zeit (etwa über mehrere Stunden) eingeplant werden.

Setzt man für die naßscheuernde Bodenreinigung den Reinigungsautomaten ein, so ist eine deutlich höhere Flächenleistung zu erzielen, dadurch können Reinigungskosten in erheblichem Umfang eingespart werden. Der Reinigungsgrad ist hoch und – je nach Wahl des Behandlungsmittels – auch der Pflegeeffekt. Da das Fahren des Automaten kaum Kraftaufwand erfordert, bleibt die körperliche Belastung des Reinigungspersonals geringer als bei einer Scheibenmaschine. Zur Inbetriebnahme der Maschine braucht man nur wenig Zeit- und Kraftaufwand, weil das Frischwasser über einen Schlauch zugeführt und das Schmutzwasser ebenfalls direkt in den Fußbodengulli abgeleitet wird. Es müssen also keine Reinigungsgefäße getragen werden.
Die Umweltbelastung des Verfahrens hängt von dem ausgewählten Behandlungsmittel und vom jeweiligen Wasserverbrauch ab.

Aus Sicherheitsgründen ist die Automatenreinigung dem manuellen Naßwischen und auch der naßscheuernden Reinigung mit Scheibenmaschine und Wassersauger überlegen. Die Böden sind sofort nach der Reinigung trocken und ohne Rutschgefahr zu begehen. Auf ständig begangenen Verkehrsflächen (z.B. die Eingangshalle in einem Krankenhaus) ist dieser Sicherheitsaspekt von erheblicher Bedeutung. Bei der Auswahl der Maschinen sollte auf ihre Lärmentwicklung geachtet werden, um eine Belästigung von Bewohnern oder Patienten so gering wie möglich zu halten.

> ▶ *Der Reinigungserfolg durch Naßscheuern ist sehr gut.*
> ▶ *Reinigungsautomaten erreichen sehr hohe Flächenleistungen. Die Bodenfläche ist sofort nach der Reinigung trocken und ohne Rutschgefahr begehbar.*
> ▶ *Das Fahren der Scheibenmaschine ist für das Reinigungspersonal sehr anstrengend.*

❶ Informieren Sie sich über Scheibenmaschinen, Wassersauger und Reinigungsautomaten (s. Kapitel 4.1.6).

❷ Welche Flächen/Räume werden in Ihrem Betrieb nach dem Naßscheuerverfahren gereinigt?

3.1.6   Cleanerverfahren

Das Cleanerverfahren – auch Sprayverfahren genannt – ist ein Reinigungs- und Pflegeverfahren.

Ziele
- Entfernung **hartnäckiger Flecken** (Absatzstriche, Schleifspuren, eingetrocknete Getränkereste)
- Ergänzung des **Pflegefilms**
- Auffrischung des **Bodenglanzes**

Arbeitsmittel

Cleanermittel   Sprühkännchen   Scheibenmaschine

Durchführung

Zum Cleanern setzt man Scheibenmaschinen mit Treibtellern und Padscheiben ein. Cleanermittel werden direkt auf die Schmutzstellen des Bodens aufgesprüht. Das geschieht entweder mit einer an der Maschine befindlichen, seitlichen Sprühvorrichtung oder von Hand mit einem Sprühkännchen. Anschließend werden die so behandelten Flächen abschnittsweise überlappend abgefahren und poliert. Gelöster Schmutz gelangt in die Padscheiben, ein leichter Pflegefilm bleibt zurück.

Voraussetzungen

Dem Cleanern muß ein Feucht- oder Naßwischen vorausgehen, da sonst zuviel Schmutz in die Padscheiben und auch in den Pflegefilm eingearbeitet wird. Das Verfahren ist nur einzusetzen, wenn der Boden bereits mit einem Pflegefilm überzogen ist.

Beurteilung

Eine konsequente Durchführung des Cleanerns – als Zwischenreinigung bei entsprechender Notwendigkeit – gewährleistet über lange Zeit hinweg ein stets gleichmäßiges, gepflegtes Aussehen des Bodens. Grundreinigungen können dadurch hinausgeschoben werden. Weiterhin erfolgt nur eine Behandlung tatsächlich verschmutzter Flächen eines Raumes bzw. eine Ergänzung des Pflegefilms an den notwendigen Stellen, die restlichen bleiben unbearbeitet.

Kritisch ist die Dosierung der Cleanerlösung, sie bedarf entsprechender Kenntnisse/Einweisungen des Reinigungspersonals ebenso wie Sorgfalt und Geschicklichkeit. Ein Nachteil kann sein, daß nicht der komplette Schmutz in die Padscheibe eingeht, sondern mit in den Pflegefilm einmassiert wird. Daher muß unbedingt die Aufnahmekapazität der Padscheibe berücksichtigt werden. Langfristig kommt man bei Verwendung von Cleanermitteln nicht ohne Grundreinigungen des Bodens aus. Je nach Wahl des Produktes (z.B. lösemittelhaltiger Cleaner) muß mit einer Umweltbelastung gerechnet werden.

▶ *Grundreinigungen können durch Einschieben des Cleanerverfahrens hinausgeschoben werden.*

❶ Informieren Sie sich über Bau und Funktion verschiedener Scheibenmaschinen (s. Kapitel 4.1.6).

❷ Vergleichen Sie die Ziele des Naßwisch- und des Cleanerverfahrens miteinander.

❸ Was muß das Reinigungspersonal bei der Durchführung des Cleanerverfahrens beachten, um ein gutes Reinigungsergebnis zu erzielen?

3.1.7 Beschichtungsverfahren

Das Beschichtungsverfahren ist ein reines Pflegeverfahren.

Ziel

Überziehen des Bodens mit einer **Schutzschicht**.

Arbeitsmittel

Wischgerät   Wischbezug   Beschichtungsmittel

Durchführung

Das Auftragen des Beschichtungsmittels – auf Kunststoff- oder Wachsbasis – erfolgt manuell mit einem Wischgerät und Textilbezug. Der Bezug wird mit dem Mittel getränkt, und das Gerät ist anschließend in gleichmäßigen Bahnen – wie beim Feuchtwischen – über den Boden zu führen. Geht das Wischgerät schwerziehend über die Fläche hinweg, muß nachgetränkt werden. Je nach Saugfähigkeit des Bodens ist die Beschichtung ein- bis viermal notwendig. Hierbei ist zu beachten, daß die Beschichtung so dünn wie möglich erfolgt, da dünne Schichten besser und schneller aushärten. Zu dick aufgetragenes Beschichtungsmittel wirft Blasen und splittet auf. Ausreichende Trocknungszeiten müssen zwischendurch eingeplant werden, um eine gute Festigkeit und Strapazierfähigkeit zu erreichen. Führt man das Beschichtungsverfahren mit einem reinen Wachsprodukt durch (Wachsen), so muß die Fußbodenfläche nach dem Trocknen poliert werden.

Voraussetzung

Der Boden muß absolut sauber, trocken und grundgereinigt sein, bevor ein Beschichtungsmittel aufgetragen werden kann.

Beurteilung

Die aufgetragene Schutzschicht erleichtert die laufende Reinigung eines Objektes (z.B. beim Feuchtwischen) und verbessert die Optik. Gleichzeitig wird der Boden gegen mechanische Beanspruchung (Gehspuren, Absatzstriche) geschützt, was seine Lebensdauer verlängern kann. Außerdem wird der Schmutzeintrag in den Boden verhindert.

Alle beschichteten Böden müssen jedoch in regelmäßigen Abständen grundgereinigt werden, d.h. Entfernen des kompletten Pflegefilms. Das ist sehr zeitaufwendig und erfordert viel Chemie. Aus Sicht der Umweltbelastung ist das kritisch zu bewerten. Das Beschichtungsverfahren kann nur von qualifizierten und gründlich eingewiesenem Personal richtig ausgeführt werden. Bei jedem neuen Objekt muß deshalb gewissenhaft geprüft werden, ob eine Beschichtung notwendig und sinnvoll ist.

> ▶ *Beschichtungen verbessern die Optik eines Bodenbelages. Sie verlängern seine Lebensdauer, müssen aber durch umweltbelastende, kostenintensive Grundreinigungen entfernt und wieder erneuert werden.*

❶ Was ist bei dem Auftragen eines Beschichtungsmittels auf eine Fußbodenfläche zu berücksichtigen?

❷ Informieren Sie sich über die Arbeitsmittel, die zur Beschichtung eines Fußbodenbelages gebraucht werden (s. Kapitel 4.1.4).

3.1.8   Polierverfahren

Das Polierverfahren ist ein Reinigungs- und Pflegeverfahren.

Ziele
- Beseitigung von **Gehspuren** oder **Laufstraßen** auf dem Boden
- Ausstattung des Bodens mit einer gut aussehenden, **glänzenden Oberfläche**

Arbeitsmittel

Poliermaschine

Durchführung

Das Polieren geschieht immer maschinell mit Hilfe folgender Maschinen:

● *Einscheibenmaschine* ● *High-Speed-Maschine* ● *Ultra-High-Speed-Maschine*

Die Maschinen sind mit Padscheibe oder Bürstaufsatz ausgerüstet und erzeugen durch die hohe Drehzahl Reibungswärme. Der im vorhergehenden Arbeitsgang (Naßwischen) aufgetragene Schutzfilm eines Wischpflegemittels wird so erwärmt, verdichtet sich und erhärtet. Die Oberfläche wird geschlossen und glänzt. Poliermaschinen können auch mit einem Saugaggregat ausgestattet sein, mit dem zunächst loser Staub abgesaugt wird. Anschließend wird die Bodenfläche poliert (saugbohnern, poliersaugen).

Voraussetzung

Der Boden muß sauber und mit einem Wischpflegemittel behandelt sein.

Beurteilung

Der Bodenbelag wird durch das Polieren widerstandsfähiger gegen mechanische Beanspruchungen. Die Gehspuren und Laufstraßen werden ausschließlich durch mechanischen Einsatz beseitigt. Je nach Wahl des vorher aufgetragenen Wischpflegefilms bleiben Grundreinigungen überflüssig. Aus diesem Grund ist das Verfahren als sehr umweltfreundlich und kostengünstig einzustufen. Durch das Polieren bekommt der Boden eine so gleichmäßige, in sich geschlossene Oberfläche, daß die tägliche Unterhaltsreinigung problemlos als Feucht- oder Naßwischverfahren durchgeführt werden kann.

Andererseits ist der Umgang mit den Maschinen nicht einfach und erfordert eine gründliche Einweisung des Personals sowie eine entsprechende Sorgfalt bei der Ausführung. Falsche Handhabung führt zu bleibenden Beschädigungen des Bodens (Einbrennungen). Größere Unebenheiten im Belag können durch den zu engen Kontakt zu den Treibtellern der Maschine Verbrennungen erleiden. Die körperliche Anstrengung beim Führen der Maschinen ist relativ groß. Trotz der hohen Anschaffungskosten, vor allem für High-Speed- und Ultra-High-Speed-Maschinen, hat sich das Polierverfahren immer mehr durchgesetzt und das Beschichtungsverfahren weitgehend verdrängt.

> ▶ *Das Polierverfahren ist kostengünstig und umweltfreundlich. Es ersetzt weitgehend das Beschichtungsverfahren.*

❶ Informieren Sie sich über die Maschinen, die zur Durchführung des Polierverfahrens notwendig sind (s. Kapitel 4.1.6).

❷ Vergleichen Sie das Cleaner-, Beschichtungs- und Polierverfahren miteinander
a) unter dem Aspekt der Umweltbelastung
b) unter dem Aspekt der Arbeitsbelastung für das Reinigungspersonal.
Begründen Sie.

❸ Erfragen Sie die Reinigungsverfahren, die in Ihrem Betrieb zur Unterhaltsreinigung der Hartbeläge eingesetzt werden. Nehmen Sie eine Aufgliederung nach Räumen/Bereichen vor.

3.1.9 Shampoonierverfahren

Das Shampoonierverfahren ist ein ausschließliches Reinigungsverfahren.

Ziel
Entfernung von **anhaftendem Schmutz** aus textilen Belägen

Arbeitsmittel

Shampooniermaschine   Reinigungsmittel   Sauger

Durchführung
Zum Shampoonieren von Teppichböden gebraucht man Shampoonier- oder Scheibenmaschinen, die mit Hilfe von Bürsten oder Garnpads ein Reinigungsmittel in den textilen Belag einmassieren. Der gelöste Schmutz wird anschließend zusammen mit den Shampoorückständen abgesaugt. Je nach Wahl der Maschine geschieht das im gleichen Arbeitsgang oder erst später nach entsprechender Einwirkzeit; dann wird zusätzlich ein Sauger (Naß- oder Trockensauger) benötigt. Arbeitet man mit flüssigen Reinigungsmitteln, können die Rückstände auch mit einem Sprühextraktionsgerät (s. Kapitel 4.1.7) aus dem Flor des Teppichbodens ausgespült werden.

Voraussetzungen
Die Eignung eines textilen Belages für ein Shampoonierverfahren hängt in erster Linie von dem ausgewählten Reinigungsmittel ab. Trockenreinigungspulver ist geeignet für alle Böden, die keine Naßreinigung vertragen, ungeeignet aber für alle Beläge mit langem Flor oder für Nadelfilz. Naßschaum kann dagegen auch bei diesen Teppichböden und bei allen anderen verwendet werden, wenn der Belag die Voraussetzungen für eine Naßreinigung liefert (s. Kapitel 6.1.7). Zur vollständigen Entfernung der Rückstände müssen leistungsfähige Sauger vorhanden sein.

Beurteilung
Das Shampoonierverfahren bringt für textile Beläge, die nur trocken gereinigt werden dürfen, einen guten Reinigungserfolg. Ein Vorteil ist, daß der Boden schon nach kurzer Zeit wieder begangen werden kann. Der Reinigungserfolg ist weiterhin noch davon abhängig, ob eine Einwirkzeit für das Reinigungsmittel eingeplant ist oder ob direkt nach dem Shampoonieren die Fläche abgesaugt wird.
Verwendet man bei diesem Reinigungsverfahren einen Naßschaum, so ist die Reinigungswirkung deutlich erhöht, da der größere Wasseranteil die Schmutzpartikel besser aus dem Teppichflor heraushebt. Allerdings darf dann die Fläche bis zur vollständigen Trocknung nicht begangen werden. Im Vergleich zum Sprühextraktionsverfahren (s. Kapitel 3.1.10) ist die Reinigungswirkung des Shampoonierverfahrens geringer, unabhängig davon ob man Trocken- oder Naßschaum einsetzt.

Der nachhaltige Erfolg des Shampoonierens hängt zum einen von der Qualität des ausgewählten Reinigungsmittels ab und zum anderen von der vollständigen Entfernung aller Rückstände aus dem Teppichflor. Hochwertige Produkte hinterlassen keine klebrigen Rückstände, die ein schnelles Wiederanschmutzen des Belages begünstigen würden. Mit leistungsstarken Saugern werden Schmutz- und Shampoopartikel weitgehend entfernt.

Mit dem Shampoonierverfahren erzielt man nur eine geringe Flächenleistung, da Zeit- und Arbeitsaufwand relativ hoch sind. Der Boden wird nur langsam und leicht überlappend abgefahren, in den meisten Fällen erfolgt ein zweiter Arbeitsgang, um die mit Schmutz beladenen Shampooreste zu entfernen. Die Anschaffungskosten – oder gegebenenfalls die Mietgebühren – für die entsprechende Maschine sind ebenfalls zu berücksichtigen. Für das Reinigungspersonal ist das Führen der Maschine recht anstrengend, außerdem muß gewissenhaft gearbeitet werden, um einen möglichst gleichmäßigen Reinigungserfolg zu erzielen. Die Umweltverträglichkeit hängt von dem ausgewählten Reinigungsmittel ab.

Das Shampoonierverfahren wird vorzugsweise zur Zwischenreinigung, aber auch zur Grundreinigung von feuchtigkeitsempfindlichen Teppichböden eingesetzt.

> ▶ *Shampoonieren mit Trockenschaum bringt nur einen begrenzten, Naßschaum dagegen einen relativ guten Reinigungserfolg. Verträgt ein textiler Belag keine Naßbehandlung, kann nur trocken shampooniert werden.*

❶ Informieren Sie sich über Bau und Funktion von Shampooniermaschinen (s. Kapitel 4.1.7).

❷ Welche textilen Beläge eignen sich besonders für eine Shampoonierung? Begründen Sie.

❸ Wovon ist der Reinigungserfolg beim Shampoonieren abhängig?

3.1.10   Sprühextraktionsverfahren

Das Sprühextraktionsverfahren ist ein ausschließliches Reinigungsverfahren.

Ziel
Gründliche Entfernung von **anhaftendem Schmutz** aus textilen Belägen

Arbeitsmittel

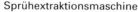

Sprühextraktionsmaschine   Sprühextraktionsmittel

Durchführung
Bei diesem Reinigungsverfahren wird in einem Arbeitsgang die Reinigungslösung mit einer Sprühextraktionsmaschine unter Druck in den Flor des Teppichbodens eingespült und die Flüssigkeit zusammen mit dem gelösten Schmutz wieder abgesaugt. Je nach Wahl der Maschine kann der Belag zusätzlich mit Bürsten mechanisch bearbeitet werden.

Voraussetzung

Das Sprühextraktionsverfahren kann nur auf textilen Belägen angewandt werden, die eine Naßreinigung vertragen (s. Kapitel 6.1.7).

Beurteilung

Alle kurz- und langflorigen Teppichböden können nach dem Sprühextraktionsverfahren gereinigt werden. Der Reinigungserfolg ist deutlich besser als beim Shampoonierverfahren. Die zurückbleibenden Reinigungsmittelrückstände sind sehr gering, da der Flor unter großem Druck ausgespült und die Schmutzflotte weitestgehend abgesaugt wird. Daher ist das Risiko einer Wiederanschmutzung der Fasern gemindert. Außerdem bleibt nur wenig Restfeuchte im Boden zurück, die Trocknungszeit ist kurz, der Teppichboden kann schon nach kurzer Zeit wieder begangen werden. Aus organisatorischen Gründen kann das für die betriebliche Praxis ein sehr wichtiger Aspekt sein.

Die Flächenleistung bei diesem Verfahren wird durch die unterschiedlichen Arbeitsbreiten der Maschinen bestimmt. Positiv ist hierbei zu bewerten, daß nur ein Arbeitsgang notwendig ist. Da die Anschaffungskosten für die Sprühextraktionsmaschinen relativ hoch sind, ist es eventuell kostengünstiger, ein Gerät bei Bedarf auszuleihen. Für das Reinigungspersonal ist zwar die Bedienung der Maschine leicht erlernbar, ein gewissenhaftes Arbeiten ist aber unbedingt notwendig, um ein gutes und vor allem gleichmäßiges Reinigungsergebnis zu erzielen. Die Umweltverträglichkeit wird auch bei diesem Teppichbodenreinigungsverfahren durch das ausgewählte Reinigungsmittel bestimmt.

> ▶ *Der Reinigungserfolg beim Sprühextrahieren ist sehr gut. Nur textile Beläge, die eine Naßreinigung vertragen, können sprühextrahiert werden. Die Trocknungszeit des textilen Belages ist kurz, da nur wenig Restfeuchte zurückbleibt.*

❶ Informieren Sie sich über die Funktion eines Sprühextraktionsgerätes (s. Kapitel 4.1.7).

❷ Vergleichen Sie die Reinigungswirkung des Shampoonier- und des Sprühextraktionsverfahrens miteinander.

Horizontalreinigungsverfahren:

- ▶ *Trockenreinigungsverfahren: Entfernung von nicht anhaftendem Schmutz auf Hartbelägen durch Kehren, Saugen oder Saugbohnern.*
- ▶ *Feuchtwischverfahren: Entfernung von aufliegendem oder lose anhaftendem Schmutz auf Hartbelägen mit nebelfeuchten Textilbezügen oder -tüchern.*
- ▶ *Naßwischverfahren: Entfernung von grobem, nassem oder anhaftendem Schmutz auf Hartbelägen mit nassen Textilbezügen.*
- ▶ *Naßscheuerverfahren: Entfernung von stark anhaftendem Schmutz oder Pflegefilmresten auf Hartbelägen mit Hilfe von Scheibenmaschinen oder Reinigungsautomaten.*
- ▶ *Cleanerverfahren: Entfernung hartnäckiger Flecken auf Hartbelägen mit gleichzeitiger Ergänzung des Pflegefilms unter Einsatz einer Scheibenmaschine.*
- ▶ *Beschichtungsverfahren: Überziehen eines Hartbelages mit einer Schutzschicht zur Erhöhung der Widerstandsfähigkeit gegen mechanische Beanspruchung und zur Verbesserung der Optik.*
- ▶ *Polierverfahren: Beseitigung von Gehspuren und Festigung des Pflegefilms auf einem Hartbelag mit Hilfe von Poliermaschinen.*
- ▶ *Shampoonierverfahren: Entfernung anhaftender Verschmutzungen aus textilen Belägen mit Hilfe rotierender Bürsten einer Shampooniermaschine.*
- ▶ *Sprühextraktionsverfahren: Gründliche Entfernung anhaftender Verschmutzungen aus textilen Belägen durch intensives Umspülen der Fasern mit Hilfe einer Sprühextraktionsmaschine.*

3.2 Reinigungsverfahren der Vertikalreinigung

Im Gegensatz zur Horizontalreinigung wird bei der Vertikalreinigung nur gereinigt, eine gleichzeitige Pflegebehandlung entfällt.

3.2.1 Trockenreinigungsverfahren

Ziel
Entfernung von feinem und grobem, **nicht anhaftendem Schmutz**

Arbeitsmittel

| Staubtuch | Staubpinsel | Gabelmop | Wandbesen | Staubsauger |

Durchführung
Zur Trockenreinigung, d.h. zum Abstauben von Einrichtungsgegenständen, gebraucht man Staubtücher, für stark strukturierte Flächen (z.B. Schnitzereien an Möbeln) oder für Dekorationselemente (z.B. Kränze, Trockensträuße) Staubpinsel. Heizkörper und Jalousetten werden mit einem Gabelmop, Wände oder Decken mit einem Wand- oder Deckenbesen trocken gereinigt. Die Vertikalreinigung kann auch mit dem Staubsauger und entsprechenden Spezialdüsen erfolgen; für Polster gebraucht man spezielle Polster- oder Ritzendüsen, für Heizkörper die Heizkörperdüse und für Rohre und Leitungen eine Pinseldüse.

Voraussetzungen
Die zu reinigende Fläche muß trocken sein, damit kein „Geschmiere" entsteht. Ansonsten können alle Gegenstände und Werkstoffe trocken gereinigt werden.

Beurteilung
Eine Trockenreinigung von Einrichtungsgegenständen plant man nur dann ein, wenn der zu reinigende Werkstoff keine Feucht- oder Naßreinigung verträgt, z.B. bei unbehandelten Hölzern. Der Reinigungserfolg durch Abstauben ist nur begrenzt, da immer wieder Staub im Raum aufgewirbelt wird. Man kann den Erfolg verbessern, indem man Staubtücher verwendet, die mit Staubbindemitteln getränkt sind. Auch das Absaugen von Gegenständen ist mit einer Staubentwicklung verbunden.
Dieses Reinigungsverfahren ist vom Personal leicht zu erlernen und erfordert keine große Einweisung, die körperliche Belastung ist aufgrund der wechselnden Arbeitshaltung nicht sehr groß. Da bei der Trockenreinigung – abgesehen von den genannten Ausnahmen – nur manuell gereinigt wird, sind Zeit- und Arbeitsaufwand erheblich. Eine Umweltbelastung besteht nicht.

▶ *Der Reinigungserfolg ist beim Trockenreinigen wegen der Staubentwicklung begrenzt.*

❶ Informieren Sie sich über die Arbeitsmittel, die zur manuellen Trockenreinigung von Einrichtungsgegenständen eingesetzt werden (s. Kapitel 4.2.2).

❷ Stellen Sie Einrichtungsgegenstände aus Ihrem Betrieb zusammen, die nur trocken gereinigt werden.

3.2.2 Feuchtreinigungsverfahren

Ziel
Entfernung von **lose anhaftendem** bzw. **aufliegendem Schmutz**

Arbeitsmittel

Vliestuch

Durchführung
Die Feuchtreinigung wird bei der Vertikalreinigung ausschließlich manuell durchgeführt. Mit einem stark ausgewrungenen, feuchten Vliestuch reibt man die zu reinigende Fläche in gleichmäßigen Bahnen ab. Bei Holzflächen ist die Richtung der Maserung einzuhalten.

Voraussetzung
Es können nur solche Werkstoffe feucht gereinigt werden, die eine geschlossene Oberfläche haben und damit unempfindlich gegen Feuchtigkeit sind.

Beurteilung
Das Feuchtreinigungsverfahren bringt im Vergleich zur Trockenreinigung einen deutlich besseren Reinigungserfolg. Es ist diesem in jedem Fall vorzuziehen, da kein Staub aufgewirbelt wird. Größere und vor allem stärker anhaftende Verschmutzungen können durch Feuchtreinigen jedoch nicht abgelöst werden. Für den klinischen Einsatz ist wichtig, daß ein Desinfizieren von Flächen nicht möglich ist, da die Benetzungszeit nicht ausreicht. Das verwendete Vliestuch muß den richtigen Feuchtigkeitsgrad ausweisen: ein zu nasses Tuch hinterläßt eventuell Schmierspuren auf dem Werkstoff, ein zu trockenes Tuch bindet den Staub nicht ausreichend und gleitet nur schwer über die zu reinigende Fläche.
Die sonstige Beurteilung dieses Reinigungsverfahrens bezüglich Umweltbelastung, Zeit- und Arbeitsaufwand, Personaleinweisung und -belastung ist vergleichbar mit derjenigen des Trockenreinigungsverfahrens.

▶ *Loser Staub wird beim Feuchtreinigen gebunden und daher nicht aufgewirbelt.*

● In bestimmten Abteilungen eines Krankenhauses (z.B. Entbindungs- oder Säuglingsstation) reicht eine Feuchtreinigung von Einrichtungsgegenständen nicht aus. Begründen Sie.

3.2.3 Naßreinigungsverfahren

Ziele
● Entfernung von **grobem, nassem Schmutz**
● Entfernung von **anhaftendem Schmutz**

Je nach Wahl des Behandlungsmittels gleichzeitig:
● **Desinfizieren** von Flächen

Eimer, Reinigungs- Hochdruckreiniger Wassersauger Dampfreiniger
mittel, Schwamm/
Padschwamm, Vliestuch

Durchführung

Bei dem Naßreinigungsverfahren werden Einrichtungsgegenstände mit einer Reinigungslösung, mit Schwamm, Padschwamm oder Vliestuch abgewaschen. Padschwämme mit unterschiedlich starkem Abrieb setzt man zur Entfernung stark anhaftender Verschmutzungen (z.B. Kalkränder an Sanitärobjekten) ein. Die Reinigung erfolgt in zwei Arbeitsgängen: im ersten wird die zu reinigende Fläche mit der Reinigungslösung behandelt, danach wird abgeledert. Sanitärobjekte werden bereits bei der Unterhaltsreinigung immer naß gereinigt, andere Einrichtungsgegenstände dagegen häufig nur bei einer Grundreinigung.

Der größte Teil der Vertikalreinigung geschieht manuell, nur bei einigen Objekten ist der Einsatz einer Reinigungsmaschine möglich. Decken und Wände im Sanitär- und Bäderbereich reinigt man mit einem Hochdruckreiniger. Die zu reinigenden Flächen werden in gleichmäßigen Bahnen mit einem Wasserstrahl bearbeitet, dem Reinigungs- oder Desinfektionsmittel zugesetzt werden können. Ein zweiter Arbeitsgang zum Absaugen der Schmutzflotte ist erforderlich.

Zur Naß-/Halbnaßreinigung von schwer zugänglichen Stellen an Einrichtungsgegenständen (z.B. Heizkörper, Rohre, Armaturen, Räder von Reinigungs-, Wäschewagen oder Rollstühlen), setzt man Dampfreiniger ein. Der Dampf löst den Schmutz an, ein Reinigungstuch auf der Dampfdüse kann ihn aufnehmen. Ist kein Reinigungstuch aufgespannt, wird der Schmutz manuell entfernt.

Voraussetzung

Das Verfahren kann auf allen wasserfesten Werkstoffen angewendet werden. Manche Flächen vertragen zwar eine Naßreinigung, nicht aber das langfristige Einwirken von Flüssigkeiten (z.B. versiegelte Hölzer). Beim Einsatz von Hochdruckreinigern ist zu beachten, daß der entsprechende Werkstoff eine Druckbehandlung ohne Beschädigung verträgt.

Beurteilung

Die Naßreinigung bringt im Vergleich zur Feuchtreinigung einen größeren Reinigungserfolg, außerdem ist ein Desinfizieren möglich, weil die zu reinigende Fläche ausreichend lange benetzt werden kann. Der Zeit- und Arbeitsaufwand ist bei dem manuellen Verfahren relativ hoch, beim maschinellen dagegen deutlich geringer, da eine recht große Flächenleistung erzielt wird. Entsprechend sind die entstehenden Reinigungskosten unterschiedlich hoch. Eine eventuelle Umweltbelastung dieses Verfahrens hängt von dem verwendeten Reinigungsmittel und beim Einsatz des Hochdruckreinigers von der verbrauchten Wassermenge ab. Aufgrund der z.T. recht ungünstigen Körperhaltung und der damit verbundenen großen körperlichen Belastung, ist das manuelle Reinigen bei diesem Verfahren für die Mitarbeiter sehr anstrengend. Die Belastung mit den erwähnten Reinigungsmaschinen ist dagegen geringer.

> ► *Der Reinigungserfolg ist beim Naßreinigen groß, ein gleichzeitiges Desinfizieren ist möglich.*
> ► *Der Hochdruckreiniger erzielt eine intensive Reinigungswirkung bei gleichzeitig sehr großer Flächenleistung; die Umweltbelastung ist aber aufgrund des hohen Wasserverbrauchs erheblich.*
> ► *Der Dampfreiniger ist in erster Linie zur Naßreinigung schwer zugänglicher Schmutzstellen geeignet.*

❶ Informieren Sie sich über die Arbeitsmittel, die zur manuellen Naßreinigung eingesetzt werden (s. Kapitel 4.2.2).

❷ Welche(s) Reinigungsverfahren würden Sie für die Unterhaltsreinigung folgender Objekte in Ihrem Betrieb wählen? Begründen Sie Ihre Empfehlungen!

a) Fensterbank aus Stein
b) lackierte Heizkörper
c) Waschbecken und Duschwanne
d) Schrank aus unversiegeltem Holz
e) Kunststofftüren

❸ Zählen Sie Reinigungsobjekte auf, die mit einem Padschwamm (mittlerer Abrieb) naß gereinigt werden können.

3.2.4 Shampoonierverfahren

Ziel
Entfernung von **anhaftendem Schmutz** aus **textilen Polstern**.

Arbeitsmittel

| Reinigungs-schwamm | Reinigungs-tuch | Reinigungs-shampoo | Staubsauger |

Durchführung
Das Shampoonieren wird bei der Vertikalreinigung zur Entfernung von Verschmutzungen aus Polstermöbeln eingesetzt. Es handelt sich hier um ein manuelles Reinigungsverfahren. Mit einem weichen Schwamm oder Reinigungstuch reibt man ein Shampoo leicht in das textile Gewebe ein, läßt es einwirken und saugt anschließend die Reinigungsmittelrückstände und den anhaftenden Schmutz ab. Es kann mit Trocken- oder Naßshampoo gearbeitet werden.

Voraussetzungen
Der Polsterstoff muß in seiner Struktur so beschaffen sein, daß er eine mechanische Bearbeitung (Reiben) ohne Beschädigung verträgt. Ein Naßshampoo darf nur dann ausgewählt werden, wenn sowohl die Aufpolsterung als auch der Polsterbezug für eine Naßreinigung geeignet sind.

Beurteilung

Das Shampoonierverfahren bringt für die Polster, die nur trocken gereinigt werden dürfen, einen guten Reinigungserfolg. Kann man dagegen mit einem Naßschaum arbeiten, so wird die Reinigungswirkung erhöht. Hierbei ist allerdings zu berücksichtigen, daß eine längere Trocknungszeit notwendig ist, in der die entsprechenden Polstermöbel nicht benutzt werden können. Wie bei allen manuellen Reinigungsverfahren sind Zeit- und Arbeitsaufwand und damit die Personalkosten hoch, die Kosten für die Arbeitsmittel dagegen gering. Die Umweltbelastung hängt von dem Behandlungsmittel ab.

▶ *Vor dem Shampoonieren prüfen, ob Stoff und Aufpolsterung diese Behandlung vertragen.*

3.2.5   Sprühextraktionsverfahren

Ziel
Gründliche Entfernung von **anhaftendem Schmutz** aus **textilen Polstern**.

Arbeitsmittel

Sprühextraktionsmaschine   Sprühextraktionsmittel

Durchführung
Dieses Verfahren wird maschinell durchgeführt. Mit der Sprühextraktionsmaschine spült man unter Druck eine Reinigungslösung in das Polster ein und saugt sie, dann mit Schmutz beladen, im gleichen Arbeitsgang wieder ab. Dieses Verfahren bedeutet für das zu reinigende Polster immer eine Naßreinigung. Es wird in erster Linie zur Grundreinigung von Polsterstühlen eingesetzt. Da bei sonstigen Polstermöbeln (Sesseln, Sofas) die Aufpolsterung allgemein sehr viel dicker ist und dementsprechend mehr Wasser aufnimmt und zurückhält (lange Trocknungszeit), verzichtet man hier auf eine Sprühextraktion.

Voraussetzungen
Das Sprühextraktionsverfahren darf nur dann angewendet werden, wenn sowohl Polsterbezug als auch die Aufpolsterung eine Naßreinigung vertragen (s. Kapitel 6.1.7). Da mit größeren Wassermengen gearbeitet wird, läßt es sich kaum vermeiden, daß Wasser an die Möbelgestelle (z.B. Stuhlbeine, Rücken- oder Armlehnen) gerät. Aus diesem Grund müssen auch die Gestelle der Polstermöbel wasserunempfindlich sein.

Beurteilung

Das Sprühextraktionsverfahren bringt einen deutlich größeren Reinigungserfolg als das Shampoonierverfahren. Durch die größere Wassermenge können Schmutzpartikel besser gelöst und vom textilen Gewebe abgehoben werden. Auch wenn hier in nur einem Arbeitsgang gearbeitet wird, bleibt der Zeit- und Arbeitsaufwand im Vergleich zum Shampoonierverfahren weitgehend gleich, da die Rüstzeit der Maschine berücksichtigt werden muß. Die entstehenden Anschaffungskosten für eine Sprühextraktionsmaschine sind dagegen höher. Die Umweltverträglichkeit wird auch hier wieder von dem ausgewählten Reinigungsmittel bestimmt.

▶ *Der Reinigungserfolg ist beim Sprühextrahieren größer als beim Shampoonieren. Nur Bezüge und Polster, die eine Naßreinigung vertragen, dürfen sprühextrahiert werden.*

● Was ist bei der Grundreinigung eines Polsterstuhls zu beachten?

Vertikalreinigungsverfahren:

▶ *Trockenreinigungsverfahren: Entfernung von nicht anhaftendem Schmutz auf Einrichtungsgegenständen durch Abstauben und Absaugen.*

▶ *Feuchtreinigungsverfahren: Entfernung von aufliegendem oder lose anhaftendem Schmutz auf Einrichtungsgegenständen mit feuchten Vliestüchern.*

▶ *Naßreinigungsverfahren: Entfernung grober, nasser oder anhaftender Verschmutzungen auf Einrichtungsgegenständen manuell mit nassen Reinigungsschwämmen oder -tüchern oder maschinell mit Hochdruck- oder Dampfreiniger.*

▶ *Shampoonierverfahren: Manuelle Entfernung anhaftender Verschmutzungen aus textilen Polstern.*

▶ *Sprühextraktionsverfahren: Gründliche Entfernung anhaftender Verschmutzungen aus textilen Polstern mit Hilfe einer Sprühextraktionsmaschine.*

4 Arbeitsmittel

Da in einem Betrieb durchaus mehrere Reinigungsverfahren angewendet werden, ist es sinnvoll zu prüfen, ob eine **Mehrfachverwendung der Arbeitsmittel** möglich ist, z.B. gleiche Geräte für Feucht- und Naßwischverfahren, gleiche Maschinen für Scheuern, Cleanern und Polieren. Vor allem bei den teuren Maschinen ist diese Überlegung angebracht, wobei jedoch neben der universellen Einsetzbarkeit auch der Aufwand für das Umrüsten von einem Verfahren zum anderen zu berücksichtigen ist.

4.1 Arbeitsmittel zur Horizontalreinigung

4.1.1 Geräte zur Trockenreinigung

Besen
Die zur Innenreinigung verwendeten Besen haben feines Besatzmaterial z.B. aus Roßhaar (tierische Faser), aus Arenga (pflanzliche Faser einer Palme), aus Elaston (feine Kunststoffasern) oder sie bestehen aus Fasermischungen. Besatzmaterial aus Pflanzenfasern ist häufig spröde und kann leicht brechen. Die Preisunterschiede können bei den Besen erheblich sein. Beim Kauf von Besen ist neben hochwertigem Besatzmaterial auf eine gute und dauerhafte Verarbeitung zu achten. Die Borsten sollten fest eingestanzt oder eingezogen und nicht nur eingeklebt sein.

Abbildung 4.1   Herstellungsverfahren für Besen

Handfeger
Sie werden in erster Linie zum Auffegen des Schmutzes auf die Kehrschaufel gebraucht. Das Material für den Handfegerrücken und für die Borsten ist das gleiche wie bei den Besen. Auch hier garantiert die hochwertige Verarbeitung (Einstanzen oder Einziehen) eine längere Lebensdauer.

Kehrschaufeln
Kehrschaufeln gibt es in Metall oder in Kunststoff, mit oder ohne vordere Gummilippe. Metallschaufeln haben eine höhere Stabilität und damit eine längere Lebensdauer. Die Gummikante erleichtert die Anpassung an unebene Böden bzw. an Fugen bei Steinplatten, ist wiederum aber ein Schmutzfänger für Feinstaub. Außerdem hat die Gummikante meist eine geringere Lebensdauer als die Metallschaufel selbst. Die Kehrschaufel sollte am seitlichen oder oberen Rand Riffelungen oder kleine Zähne aufweisen, damit der Handfeger oder Besen daran abgestreift werden kann. So lassen sich Fäden, Fussel, Haare oder dergleichen direkt entfernen.

Besen oder Handfeger werden zur gründlichen Reinigung mit einem stabilen Besenkamm ausgekämmt und in einer leichten Reinigungslösung ausgewaschen. Ist der Rücken des Besens aus Holz, so darf er nicht in Wasser eingetaucht, sondern nur feucht abgerieben werden. Anschließend trocknet man die Borstenerzeugnisse an der Luft, indem man sie auf die Seite legt oder aufhängt. Kehrschaufeln sind bei entsprechender Verschmutzung naß zu reinigen.

> ▶ *Bei Borstenerzeugnissen auf hochwertiges Besatzmaterial und dauerhafte Verarbeitung achten.*

4.1.2 Geräte zum Feuchwischen

Zur Feuchtreinigung des Fußbodens werden folgende Arbeitsmittel benötigt:

- *Wischgerät, bestehend aus Stiel und Mophalter*
- *Wischbezug oder Wischtücher*
- *Sprühkännchen*

Stiele
Sie werden aus Glasfiber, Aluminium oder Holz angeboten. Es gibt auch sogenannte Telestiele, die in ihrer Länge verstellbar und somit optimal auf die Körpergröße der jeweiligen Reinigungskraft abzustimmen sind.

Mophalter
Kleine Geräte mit einer Breite von 30 bis 80 cm sind mit einem nach allen Seiten hin drehbaren Kreuzgelenk am Stiel befestigt. Dadurch kann man mit dem Wischgerät unter alle Einrichtungsgegenstände gelangen. Falls erforderlich, läßt sich das Gerät sogar horizontal auf dem Boden führen, z.B. bei der Reinigung unter den Betten. Bei breiten Wischgeräten von 100 bis 160 cm sind Stiel und Mophalter starr miteinander verbunden. Diese werden nur für große freie Flächen eingesetzt, häufig auch zum „Vormoppen" von Grobschmutz (Zigarettenkippen, Papier, Getränkedosen und dergleichen), wenn anschließend der Reinigungsautomat die Fläche abfährt.
Je stärker ein Raum überstellt ist, desto schmaler sollte der ausgewählte Mophalter sein. Dasselbe gilt auch für Treppen und Toilettenräume. Hier ist eine Breite von 30 bis 40 cm angemessen.

Abbildung 4.3   Wischgerät und Wischbezüge

Die Mophalter sind unterschiedlich gebaut, je nachdem, ob sie mit Wischbezügen oder mit Wischtüchern ausgestattet werden sollen. Ist zum Feuchtwischen ein textiler **Wischbezug** (auch Mop oder Flaumer genannt) vorgesehen, sollte der Mophalter klappbar sein. Der aufgeklappte Mophalter wird auf den Wischbezug gestellt, angedrückt und durch eine automatisch einrastende Verriegelung fest in die seitlichen „Taschen" des Bezuges eingespannt. Das Ausspannen geschieht durch Fußdruck. Diese Technik des

Mopwechsels ermöglicht eine ergonomisch günstige Arbeitshaltung, da sowohl Ein- als auch Ausspannen bei aufrechter Körperhaltung erfolgen. Das Reinigungspersonal muß sich lediglich bücken, um einen verschmutzten Wischbezug vom Boden aufzunehmen und in den vorgesehenen Behälter zu geben. Wischgeräte, die für das Aufspannen von Wischbezügen vorgesehen sind, heißen **Breitwischgeräte**.

Abbildung 4.4   Ausspannen durch Fußdruck

Die Ecken der Mophalter sind abgerundet, um die Bezüge zu schonen und das Einspannen zu erleichtern. Geräte, die mit der ganzen Fläche den Boden berühren, liegen durch ihr größeres Eigengewicht fester auf der Bodenfläche auf als diejenigen, die nur aus einem Metallrahmen (Drahtgestell) bestehen. Ist zum Feuchtwischen ein Wischtuch (Vlies- oder Gazetuch) vorgesehen, werden Kunststoffhalter mit glatter, geschlossener Unterfläche (kein Drahtgestell), mit Schaumstoffpolster oder Gummi-lamellen ausgewählt. Diese Mophalter sind nicht klappbar. Die Tücher werden von Hand in Gummiklemmvorrichtungen gedrückt, die sich auf der Oberseite der Halter befinden (siehe Abbildung 4.5). Alle Wischgeräte können naß gereinigt werden.

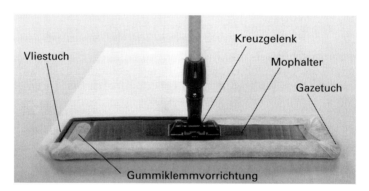

Abbildung 4.5   Feuchtwischgerät mit Wischtüchern

Feuchtwischbezüge

Diese Bezüge sind aus hochwertigen Textilfasern, wie z.B. Baumwolle, Viskose, Syn-thetik oder aus Fasermischungen hergestellt und in der Maschine waschbar. Sie be-stehen aus einem textilen Grundgewebe, in das an der Unterseite Schlingen und/oder Fransen eingearbeitet sind. An der Oberseite haben diese Bezüge Taschen, in die der Mophalter eingeschoben wird. Zu allen Mophaltern – 30 bis 160 cm Breite – werden die passenden Wischbezüge angeboten. Man sollte aber aus organisatori-schen Gründen im Betrieb nur wenige Breiten auswählen (s. auch Kapitel 4.1.3).

Feuchtwischtücher

Für die Feuchtreinigung sind Wischtücher aus Vlies und Gaze im Handel. Die feinen **Gazetücher** sind Einwegtücher und bereits vom Hersteller mit einem speziellen Staubbindemittel getränkt. Sie können eventuell von beiden Seiten benutzt und direkt nach Gebrauch entsorgt werden. Ihr Anschaffungspreis ist zwar günstig, dafür bedeutet aber jede Einmalverwendung von Materialien eine vermeidbare Umweltbelastung. Umgekehrt darf nicht vergessen werden, daß waschbare Wischbezüge oder -tücher eine Umweltbelastung durch Energie-, Wasser- und Waschmittelverbrauch bedeuten.

Vliestücher sind fester als Gazetücher, werden nach Gebrauch gewaschen und geschleudert und feucht wiederverwendet. Sie sind kochbar und können daher entsprechend gründlich gereingt werden. Eine Entsorgung erfolgt erst nach längerem Gebrauch. Sowohl die Gaze- als auch die Vliestücher lassen sich mit dem entsprechenden Mophalter einzeln verwenden oder werden unter die Textilbezüge gelegt.

Beim Einsatz des Feuchtwischverfahrens ist zu beachten, daß Gaze- und Vliestücher ohne Feuchtwischbezug nicht für Gumminoppenböden geeignet sind. Der glatte Mophalter würde über die Noppen hinweggleiten und den dazwischenliegenden Staub nicht aufnehmen. Diese Tücher sind also nur bei ganz glatten Böden einzusetzen.

Sprühkännchen werden mit Wasser oder Staubbindemittel gefüllt, um trockene Wischbezüge oder -tücher einzusprühen.

Abbildung 4.6   Sprühkännchen

> ▶ *Wischgeräte nur in wenigen unterschiedlichen Breiten auswählen. Für stark überstellte Flächen schmale Wischgeräte einsetzen.*

❶ Zum Feuchtwischen werden Wischbezüge oder Wischtücher eingesetzt. Stellen Sie die unterschiedliche Umweltbelastung dar.

❷ Mit dem Feuchtwischgerät kann ergonomisch günstig gearbeitet werden. Begründen Sie diese Aussage.

4.1.3 Geräte zum Naßwischen/Naßscheuern

Zur Naßreinigung des Fußbodens werden folgende Arbeitsmittel benötigt:

- *Wischgerät, bestehend aus Stiel und Mophalter*
- *Wischbezug*
- *Fahreimer oder Fahrwanne*
- *Presse oder Abstreifsieb*
- *Wasserschieber*
- *Randputzgeräte/-pads*

Wischgeräte und Wischbezüge

Wischgeräte und Wischbezüge zum Naßwischen sind weitgehend die gleichen, die zum Feuchtwischen benutzt werden, nur ihre Handhabung ist anders. Qualitative Unterschiede der Wischbezüge wirken sich beim Naßwischen stärker aus als beim Feuchtwischen. Entscheidet man sich bei den Wischbezügen für **Baumwollfasern,** sollten diese unbedingt durch Sanforisieren ausgerüstet sein, damit sie nicht einlaufen. Halten die Mops nämlich beim Waschen ihre Größe nicht, können sie später nicht mehr auf die Mophalter aufgespannt werden.

Bei der Wahl von Bezügen aus **Viskosefasern** ist für den Waschvorgang das sehr große Wasserbindungsvermögen zu berücksichtigen. Diese Fasern vergrößern im nassen Zustand ihr Volumen auf das Dreifache, so daß eine Waschmaschine immer nur zu einem Drittel gefüllt werden darf!

In das textile Grundgewebe der Mops sind Schlingen oder Fransen eingearbeitet. Für die praktische Arbeit ist zu berücksichtigen, daß **Schlingen** sich beim Wischen an Ecken und Kanten verhaken können und anschließend leicht ausfransen. Einige Hersteller bieten textile, frottierartige Naßwischtücher an, die nicht in das Wischgerät eingespannt, sondern nur unter einen entsprechenden Mophalter gelegt werden. Sie haben ein deutlich geringeres Eigen- und damit Wäschegewicht als die Wischbezüge zum Einspannen.

Neben den bereits beschriebenen Wischbezügen sind zum Naßwischen noch "Fransenmops" (mit langen, textilen Fransen oder Schlingen) auf dem Markt. Sie werden mit Federbügelhaltern oder Klammern am Stiel des Wischgerätes befestigt. Die Fransenmops haben zwar ein relativ großes Wasseraufnahmevermögen, üben aber einen geringeren Druck auf den Boden aus im Vergleich zu den Mops der Breitwischgeräte. Daher lösen Fransenmops anhaftende Verschmutzungen nicht so gut ab, eignen sich aber gut zur Aufnahme einer großen Wassermenge, z.B. nach einer Grundreinigung, wenn das Wasser nicht maschinell aufgesaugt werden kann.

Abbildung 4.7   Fransenmop

Fahreimer oder Fahrwannen

Fahreimer und Fahrwannen werden beim Naßwischverfahren für die Aufnahme der Reinigungslösung benötigt. Sie sind aus Kunststoff, haben ein Fassungsvermögen von 12 bis 30 Litern und befinden sich auf einem fahrbaren Gestell oder Reinigungswagen.

Moppressen

In Moppressen werden Wischbezüge horizontal oder vertikal ausgepreßt. Sie können allen Fahreimern oder Wannen aufgesetzt werden. Die Presse wird ohne Bücken über einen Hebel bedient. Bei der Auswahl der **Vertikalpressen** ist auf das unterschiedlich große Fassungsvermögen der Pressen für verschiedene Mops zu achten. (Moptrockengewicht: ca. 200 bis 600 g).
Für Breitwischgeräte werden meist **Horizontalpressen** eingesetzt. Man muß allerdings bedenken, daß die Mops mit zunehmender Breite schlechter ausgepreßt werden. Bei der Kaufentscheidung für die gesamte Einheit von Wischgerät, Mop, Wanne und Presse ist die geeignete Gerätebreite zu bedenken (s. Kapitel 4.1.2).

Arbeitet man beim Naßwischverfahren nach der Einweg-Mop-Methode, so wird die Wanne nicht mit einer Presse, sondern nur mit einem **Abstreifsieb** ausgestattet. Auf ihm streift man den Mop nur leicht ab, bevor man mit dem Wischen beginnt.

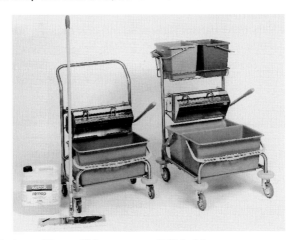

Abbildung 4.8   Einfach- und Doppelfahrwannen mit Zubehör

Wasserschieber (Gummirechen)

Sie werden in den Räumen benötigt, in denen mit großen Wassermengen gereinigt wird bzw. wenn Flächen mit dem Schlauch abgespritzt werden. Wasserschieber bestehen aus einem Stiel und einem Kunststoff- oder Metallkörper, in den eine Gummilippe eingelassen ist. Sie werden dort eingesetzt, wo aufgrund der geringen Objektgröße ein maschineller Wassersauger nicht rentabel ist.

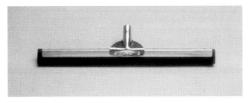

Abbildung 4.9   Wasserschieber

Randputzgeräte / -pads

Diese Arbeitsmittel sind zum Naßscheuern dort in Gebrauch, wo Fußbodenflächen von Maschinen nicht erreicht werden, z.B. in Heizungsnischen. Sie bestehen aus Stiel und Kunststoffhalter mit untergelegtem Vliesmaterial = Pad, in das Schleifkörper unterschiedlicher Größe und Menge eingearbeitet sein können. Die Padgröße beträgt ca. 15 mal 20 cm. **Padschuhe** sind Kunststoffüberzüge mit einer Sohle aus Vliesmaterial. Sie werden vom Reinigungspersonal beim Naßreinigen aus Sicherheitsgründen getragen, da sie rutschhemmend und gleichzeitig zum punktuellen Schrubben mit dem Fuß einzusetzen sind.

Abbildung 4.10 Randputzgerät

Warnschilder oder Warnkegel

Beide Geräte sind Hilfsmittel bei der Naßreinigung und müssen aus Sicherheitsgründen (Rutschgefahr) so lange aufgestellt werden, bis der Boden vollständig abgetrocknet ist.

Abbildung 4.11 Warnschilder

Alle Naßwischgeräte selbst können mit Reinigungsmittel- oder bei Bedarf mit Desinfektionsreinigerlösung abgewaschen werden, die textilen Wischbezüge oder -tücher reinigt man dagegen meist in der Waschmaschine. Pads wäscht man mit einer Handwäsche aus.

> ▶ *Bei der Auswahl der Wischbezüge ist das Wäschegewicht zu beachten. Es bestimmt die anfallenden Mopreinigungskosten.*
> ▶ *Reinigungseimer/-wannen, Moppressen/Abstreifsieb und Wischgerät sind in Art und Größe aufeinander abzustimmen.*

● Beim Einkauf von Naßwischbezügen können Sie zwischen Fransenmops und Breitwischbezügen wählen. Begründen Sie Ihre Kaufentscheidung.

4.1.4 Geräte zum Beschichten

Wischgerät

Zum Auftragen eines Beschichtungsmittels kann das bereits beschriebene Naß-wischgerät mit Naßwischbezug eingesetzt werden (s. Kapitel 4.1.3). Gebraucht man dagegen den Dispenser, so muß man hierzu einen speziellen Mophalter auswählen. Am Stiel des Wischgerätes kann ein Kanister befestigt sein, der über einen Schlauch das Beschichtungsmittel direkt in den Wischbezug hineingibt.

Dispenser

Sie bestehen aus einem Lammfellbezug oder aus einem dichtflorigen Nylon-Velour-Bezug, der auf den Mophalter aufgezogen und mit Druckknöpfen geschlossen wird. Wichtig ist, daß die Bezüge selbst nur sehr geringe Flüssigkeitsmengen aufsaugen, um den Verbrauch an Pflegeemulsion gering zu halten. Zum Einwischen des Beschich-tungsmittels wird das Wischgerät in Bahnen über die Bodenfläche geführt – ähnlich wie beim Feuchtwischen –, bis der gesamte Belag mit der Emulsion bedeckt ist. Dispen-ser wäscht man nach Gebrauch von Hand aus, die Wischbezüge meist maschinell.

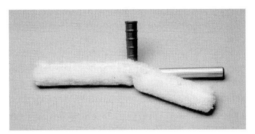

Abbildung 4.12 Dispenser

▶ *Wischbezüge oder Dispenser dürfen selbst nur geringe Mengen an Pflegeemulsion auf-nehmen, um den Verbrauch gering zu halten.*

4.1.5 Allgemeines zur Maschinenauswahl

Die wichtigsten Maschinengruppen, die heute im hauswirtschaftlichen Betrieb zum Einsatz kommen, sind:

Maschinen zur Reinigung von Hartbelägen

- *Ein- oder Mehrscheibenmaschinen*
- *Naßsauger*
- *High-Speed-Maschinen / Ultra-High-Speed-Maschinen*
- *Reinigungsautomaten*
- *Hochdruckreiniger*

Maschinen zur Reinigung von textilen Belägen

- *Staubsauger*
- *Bürstsaugmaschinen*
- *Shampooniermaschinen*
- *Sprühextraktionsmaschinen*

Maschinen zur Mopreinigung

- *Spezialwaschmaschinen*

Neben allen technischen Daten, die den Herstellerinformationen zu entnehmen sind, sollten seitens der Hauswirtschaftsleitung vor der Kaufentscheidung einige praktische Fragen geklärt werden, die für den täglichen Einsatz der Maschinen von Bedeutung sind. (Keine Rangfolge!)

Überlegungen vor dem Einkauf von Reinigungsmaschinen:

● Welche Abmessungen (maximale Breite) darf die Maschine haben, damit sie durch die Türen aller Räume paßt?

● Wie hoch ist die Bauhöhe des Motorgehäuses? Kann damit problemlos unter den im Haus vorhandenen Einrichtungsgegenständen oder Installationen gereinigt werden?

● Sind die Querschnitte der im Haus vorhandenen elektrischen Leitungen für die anzuschaffende Maschine ausreichend bemessen?
Wichtig bei Altbauten!

● Soll die Maschine mit Kabelanschluß ausgestattet sein? Reichen die vorhandenen Steckdosen bei der vorgegebenen Kabellänge? Wo kann ein batteriebetriebenes Gerät aufgeladen werden?

● Wie schwer ist die Maschine? Kann sie vom Reinigungspersonal problemlos transportiert werden?

● Ist die Bedienung einfach und leicht erlernbar?

● Kann mit der Maschine ergonomisch günstig gearbeitet werden? Ist sie der Körpergröße des Personals anzupassen?

● Wie hoch ist die Lärmbelastung durch die Maschine?

● Wie hoch sind die Rüstzeiten bis zur Inbetriebnahme? Wie aufwendig ist das Reinigen der Maschine nach Beendigung der Arbeiten?

● Wo kann die Maschine abgestellt werden? Wie groß ist der Platzbedarf?

● Welche Reinigungs- / Pflegearbeiten kann die Maschine erfüllen? Wie zeitaufwendig ist das Umrüsten für einen anderen Einsatzbereich? Ist Umrüsten einfach und ohne Werkzeug durchführbar?

4.1.6   Maschinen zur Reinigung von Hartbelägen

Scheibenmaschinen

Scheibenmaschinen sind mit rotierenden Treibtellern, auf denen Bürsten und/oder Pads (Bodenreinigungsscheiben) befestigt sind, ausgestattet. Das Grundmodell der Maschine wird jeweils mit verschiedenem Zubehör ausgestattet, um folgende Reinigungsarbeiten durchführen zu können:

Tabelle 4.1 Zubehör von Reinigungsmaschinen	
Reinigungsarbeiten	Zubehör
scheuern, schrubben	Wassertank, Bürstenaufsatz
cleanern	Sprühgerät, Pad
wachsen	Heißwachsgerät, Bürstaufsatz
polieren	Pad oder Polierbürste
bohnern	Pad oder Polierbürste
saugbohnern	Saugaggregat, Pad oder Polierbürste
abschleifen	Pad mit Schleifkörnern oder Stahlwollkranz
shampoonieren (Teppich)	Wassertank, Bürstaufsatz

Die möglichen Reinigungs- und Pflegearbeiten sind demnach äußerst vielfältig. Die Scheibenmaschinen werden in gleichmäßigen, überlappenden Bahnen über den Boden geführt. Sobald für den Arbeitsvorgang ein entsprechendes Reinigungs- oder Pflegemittel auf den Boden gebracht werden muß (beim Scheuern, Wachsen, Shampoonieren), geschieht das über einen Hebel am Führungsgriff der Maschine. Aus dem Wassertank oder dem Heißwachsgerät gelangt die Lösung durch Bürsten oder Pads auf den Boden. Cleanerflüssigkeit kommt aus dem Sprühgerät, wird seitlich abgesprüht und dann „überfahren".

Die Struktur des Bodens entscheidet über Verwendung von Bürsten oder Pads. Pads verwendet man weitgehend bei glatten, Bürsten eher bei unebenen Flächen. Je nach auszuführender Reinigungsarbeit werden **Pads** unterschiedlicher Härte mit oder ohne Schleifkörper eingesetzt. Sie sind durch verschiedene Farben gekennzeichnet:

Tabelle 4.2 Farbbedeutung von Pads

Padfarbe	Schleifkörpergehalt	Einsatzmöglichkeiten
weiß	ohne Schleifkörper	Polieren empfindlicher Böden
beige/gelb	kleinste Schleifkörper	Polieren normaler Böden
rot	kleine Schleifkörper	cleanern
grün/blau	kleine Schleifkörper	Grundreinigung empfindlicher Böden
braun/schwarz	grobe Schleifkörper	Grundreinigung unempfindlicher Böden

Der mögliche Abrieb vom Boden nimmt von der hellen zur dunklen Padfarbe zu: weiß – kein Abrieb, schwarz – starker Abrieb. Es gibt Pads in normaler Stärke von ca. 10 mm und sog. Superpads, die doppelt so dick sind. Diese können dementsprechend mehr Schmutz bzw. alte Pflegesubstanzen in sich aufnehmen. Garnpads setzt man zum Shampoonieren von Teppichböden ein. Pads werden nach Gebrauch von Hand ausgewaschen und wiederverwendet.

Abbildung 4.13 Pads

Die **Bürstenkränze** für die Scheibenmaschinen werden ebenfalls in unterschiedlicher Art und Härte angeboten, abgestimmt auf die jeweilige Reinigungsarbeit. Besonders starke Reinigungswirkung geht von „Gritbürsten" aus, die – ähnlich wie Pads –

Schleifkörper an ihren Kunststoffborsten enthalten. Dadurch entsteht ein starker Abrieb. Die Lebensdauer der Gritbürsten ist sehr hoch. Die Bürstenkränze müssen nach Gebrauch von groben Verschmutzungen befreit und gereinigt werden.

Man unterscheidet bei den **Scheibenmaschinen**:

● *Einscheibenmaschinen* ● *Zweischeibenmaschinen* ● *Dreischeibenmaschinen*

Sie sind folglich mit ein bis drei Treibtellern ausgestattet.

Einscheibenmaschine

Diese Maschine ist selbstlaufend, d.h. sie bewegt sich von selbst in die Richtung, in der sich die Bürste dreht. Das erfordert vom Personal Übung beim Führen der Maschine, damit sie nicht von selbst „zur Seite wegläuft" und dadurch eventuell Schäden an Türen, Wänden und Einrichtungsgegenständen anrichtet. Die Drehzahlen dieser Maschinen liegen bei 140 bis 220 Umdrehungen pro Minute.

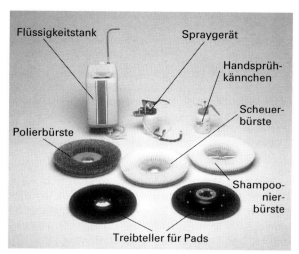

Abbildung 4.14 Einscheibenmaschine mit Zubehör

Zweischeibenmaschinen

Sie haben zwei gegeneinander drehende (kontrarotierende) Treibteller und sind daher nicht selbstlaufend. Sie werden seltener eingesetzt, ihre Leistung ist im Vergleich zur Dreischeibenmaschine deutlich geringer.

Dreischeibenmaschinen

Sie sind ebenfalls kontrarotierende Maschinen, haben daher auch keine Eigenbewegung und sind somit vom Personal leichter zu führen. Die Arbeitsbreite der Dreischeibenmaschine und damit auch die Flächenleistung ist größer als die der zwei vorher genannten Maschinen. Die Hersteller garantieren bei diesen Maschinen eine gleichmäßige Belastung und Abnutzung aller drei Bürsten und daher gleichmäßige Reinigungsleistung. Durch eine spezielle Verankerung der Bürsten am Treibteller können Unebenheiten des Bodens ausgeglichen werden. Das ist z.B. bei den im Großbetrieb häufig verlegten Gumminoppenböden oder bei den Sicherheitsfliesen mit ihrer unebenen Oberfläche von Bedeutung.

Die Reinigungsleistung ist insgesamt bei den Dreischeibenmaschinen höher einzustufen, die Anschaffungskosten allerdings ebenfalls. Alle Scheibenmaschinen sind
auch zum Shampoonieren von Teppichböden geeignet.

High-Speed-Maschinen

„High-Speed-Maschine" bedeutet „Hochgeschwindigkeitsmaschine", die „Ultra-
High-Speed-Maschine" geht über deren Leistung noch hinaus. Sie werden auch
„Poliermaschinen" genannt. Es sind mit speziellen Pads ausgestattete Einscheiben-
maschinen mit besonders hoher Drehzahl.

High-Speed-Maschine:	300 – 750 Umdrehungen / Minute
Ultra-High-Speed-Maschine:	750 – 2200 Umdrehungen / Minute

Mit ihnen werden die Reinigungsverfahren Polieren oder Cleanern – mit nachfolgen-
dem Polieren – durchgeführt. Damit ist ihr Einsatz weniger vielseitig im Vergleich zu
der einfachen Scheibenmaschine.

Die Bedienung erfordert eine intensive Schulung des Personals, da falsche Handhabung der Maschinen für den Fußbodenbelag gravierende Folgen haben kann. Sobald
die High-Speed-Maschine und vor allem die Ultra-High-Speed-Maschine zu langsam
gefahren wird oder auf der Stelle stehen bleibt, kann es durch Reibungshitze zu Einbrennungen im Bodenbelag kommen, die nicht mehr zu entfernen sind. Bei großen
Unebenheiten im Belag können ebenfalls Verbrennungen und Materialschädigun-
gen auftreten.

> ▶ *Scheibenmaschinen haben eine große Einsatzbreite bei der Reinigung. Je nach Art der Reinigungsarbeit und nach der Belagart des Bodens werden sie mit verschiedenen Bürsten oder Pads bestückt.*
> ▶ *Die Bedienung der High-Speed-Maschinen erfordert besondere Schulung und Sorgfalt des Personals.*

❶ Vergleichen Sie Handhabung und Einsatzmöglichkeiten der Ein- und Dreischeibenmaschine
miteinander.

❷ Was ist bei der Führung einer High-Speed-Maschine zu beachten?

Naßsauger

Den Naß- oder Wassersauger braucht man zum Aufsaugen feuchter Stoffe oder von
Flüssigkeiten. Er kann z.B. die Schmutzflotte nach Fußbodengrundreinigungen oder
große Wassermengen nach der Reinigung von Decken, Wänden oder Böden in Bäderabteilungen aufnehmen. Das Gerät besteht aus einem Bodensauger mit Schlauch
und Düsen. Verschiedene Düsenarten ermöglichen auch ein Absaugen der Flüssigkeiten von leicht unebenen Böden (Gumminoppenböden, Sicherheitsfliesen).
Durch Einsetzen eines speziellen Filters können einige Naßsauger in einen Trockensauger (Staubsauger) umgerüstet werden. Man spricht dann von einem Kombigerät
(Naß-/Trockensauger).

Abbildung 4.15 Naßsauger

Reinigungsautomaten

Reinigungsautomaten oder Scheuersaugmaschinen führen in erster Linie eine naß-scheuernde Bodenreinigung mit gleichzeitiger Aufsaugung der Reinigungsflotte durch. Sie bringen damit für die Naßreinigung die Leistung einer Scheibenmaschine und eines Wassersaugers gleichzeitig. Die meisten Maschinen haben einen Frischwas-ser- und einen Schmutzwassertank. Vom Frischwassertank gelangt die Reinigungslö-sung über rotierende Bürsten (ein bis drei Teller- oder zwei Walzenbürsten) auf den Boden, der mit der Lösung gescheuert wird. Anschließend folgen die Arbeitsschritte Absaugen der Reinigungsflotte und Trocknen des Bodens. Bei glatten Böden eignen sich die Maschinen mit Treibtellern, bei rauhen Böden, vor allem aber bei den unebenen Sicherheitsfliesen, die Maschinen mit zwei kontrarotierenden Walzenbürsten.

Abbildung 4.16 Reinigungsautomat

Es gibt auch Reinigungsautomaten mit nur einem Tank, sie sind nach dem **Wasser-Recycling-Prinzip** gebaut. Das aufgesaugte Schmutzwasser wird durch leistungsfähi-ge Filter geführt, die eine mehrmalige Wiederverwendung des Wassers ermöglichen. Damit ist der Aktionsradius des Automaten vergrößert, der Tankinhalt muß erst nach einer deutlich größeren Fläche entsorgt werden, die anfallenden Rüstzeiten und der Wasserverbrauch sinken erheblich. Hier ist allerdings zu prüfen, inwieweit der für den Betrieb geforderte Hygienestandard erreicht werden kann.

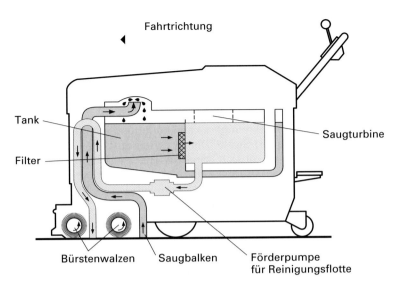

Fahrtrichtung

Tank

Saugturbine

Filter

Bürstenwalzen Saugbalken Förderpumpe
für Reinigungsflotte

Abbildung 4.17 Funktionszeichnung eines Reinigungsautomaten mit Wasser-Recycling-System

Bei allen Reinigungsautomaten erfolgt die Frischwasserzufuhr über einen Schlauch in die Maschine. Das Schmutzwasser wird ebenfalls direkt in den Gulli – z.B. im Putzmittelraum – eingeleitet. Für das Personal ist somit Beschickung und Entleerung der Reinigungsautomaten ohne jede Kraftanstrengung möglich.
Die Automaten können mit Netzanschluß oder mit wiederaufladbarer Batterie ausgestattet sein. Automaten mit Kabelanschluß sind preiswerter und haben ein geringeres Eigengewicht, sind aber im Einsatz unpraktischer wegen der Kabelführung. Außerdem ist das Unfallrisiko durch Überfahren des Kabels groß. Aus diesem Grund bieten die Hersteller meist nur kleine Reinigungsautomaten mit Netzanschluß an, alle großen sind batteriebetrieben.

Die Flächenleistung hängt entscheidend von der Arbeitsbreite der Reinigungsautomaten ab. Sie liegt zwischen 200 und 2 500 m²/Stunde. Derartige Flächenleistungen sind mit keiner anderen Reinigungsmaschine zu erreichen. Wo immer ihr Einsatz möglich ist – auf großen, nicht/wenig überstellten Flächen – bieten Reinigungsautomaten daher die kostengünstigste Reinigung. Bei der Beurteilung des Reinigungserfolges ist allerdings zu berücksichtigen, daß der Automat die Bodenfläche in sehr kurzer Zeit überfährt, so daß dem Reinigungsmittel auch nur geringe Einwirkzeit zur Schmutzlösung bleibt. Die Geschwindigkeit, mit der das Reinigungspersonal die Maschine führt, bestimmt daher den Reinigungserfolg in entscheidendem Maße mit.
Ein Vorteil beim Einsatz des Reinigungsautomaten liegt in der geringen Unfallgefahr bei dieser Naßreinigung, da der Boden sofort nach dem Abfahren mit der Maschine trocken und wieder begehbar ist. Setzt man dagegen die Scheibenmaschine zum Naßscheuern ein, ist das nicht gegeben. Außerdem wird hierbei ein zweiter Arbeitsschritt notwendig, nämlich das Absaugen der Reinigungsflotte.

▶ *Für große, nicht überstellte Flächen bringt der Reinigungsautomat den größten Reinigungserfolg bei größter Flächenleistung.*
▶ *Der Einsatz des Reinigungsautomaten senkt das Unfallrisiko. Der Fußboden ist direkt nach der Reinigung trocken und ohne Rutschgefahr zu begehen.*

Hochdruckreiniger

Der Hochdruckreiniger wird zur **Grundreinigung** von wasserfesten Werkstoffen eingesetzt, wobei nur mit Warm- oder Kaltwasser oder noch mit Reinigungsmittelzusatz gearbeitet wird. Bei der Anschaffung sind die erforderlichen Anschlußwerte des Hochdruckreinigers zu beachten (230 oder 400 Volt). Nicht alle Räume in einem Betrieb, in denen der Reiniger eingesetzt werden soll, verfügen über einen Drehstromanschluß (400 Volt).

Der Wasserstrahl des Hochdruckreinigers kann kontinuierlich fließen oder als pulsierender (ständig unterbrochener) Strahl. Dieser erzielt durch die Unterbrechung eine verstärkte Reinigungswirkung, da sich immer wieder ein verstärkter Druck aufbaut. Der **Druck,** mit dem der Wasserstrahl auf das zu reinigende Objekt aufprallt, läßt sich durch Variieren der Entfernung oder des Spritzwinkels verändern. Gleichzeitig ergibt sich eine unterschiedliche Flächenleistung:

Flächenleistung bei unterschiedlicher Entfernung vom Reinigungsobjekt

geringe Entfernung ⇨ große Reinigungswirkung ⇨ geringe Flächenleistung
große Entfernung ⇨ geringe Reinigungswirkung ⇨ große Flächenleistung

Flächenleistung bei unterschiedlichem Spritzwinkel der Wasseraustrittsdüse

kleiner Spritzwinkel ⇨ große Reinigungswirkung ⇨ geringe Flächenleistung
großer Spritzwinkel ⇨ geringe Reinigungswirkung ⇨ große Flächenleistung

Hochdruckreiniger werden im Betrieb hauptsächlich eingesetzt zur Reinigung von **Sanitär-** oder **Bäderabteilungen** und in **Großküchen** für die Reinigung von Betriebsmitteln und Fußböden. Beim Einsatz in Großküchen sind bestimmte **Sicherheitsregeln** zu beachten (Regeln der Arbeitsgemeinschaft Hochdruckreiniger im Verband Deutscher Maschinen- und Anlagenbau – VDMA).

Elektrogeräte müssen **strahlwassergeschützt** sein, um eine Schädigung auszuschließen. Für die Fußbodenreinigung ist zu berücksichtigen, daß sämtliche auf dem Boden stehenden Schränke und Elektrogeräte naßgespritzt werden können. Sie müssen daher **spritzwassergeschützt** sein. Sind Betriebsmittel nur **sprühwassergeschützt,** muß der Hochdruckreiniger an den Wasseraustrittsdüsen mit einem zusätzlichen Spritzschutz (z.B. Bürstenkranz) ausgerüstet sein.

Abbildung 4.19 Hochdruckreiniger

Bauliche Voraussetzungen für den Einsatz von Hochdruckreinigern sind Wasseranschluß, Bodenablauf und wasserfeste Werkstoffe. Das Reinigungspersonal muß mit der Handhabung des Reinigers sehr vertraut sein und vor allem die Gefahren einer Werkstoffschädigung durch zu hohen Druck des Wasserstrahls kennen und beachten.

▶ *Der Hochdruckreiniger ist besonders geeignet zur Reinigung von Sanitär- und Bäderabteilungen sowie Großküchen. Sein Einsatz ist an bestimmte Voraussetzungen gebunden.*

❶ Diskutieren Sie die Vor- und Nachteile eines Reinigungsautomaten mit einem Wasser-Recycling-System.

❷ Welche Voraussetzungen müssen in einem Raum erfüllt sein, um einen Hochdruckreiniger einsetzen zu können?

4.1.7 Maschinen zur Reinigung von textilen Belägen

Staubsauger
Staubsauger/Trockensauger werden zum Entstauben von textilen Fußbodenbelägen in der täglichen Unterhaltsreinigung eingesetzt. Im Betrieb wählt man fast ausschließlich Bodenstaubsauger. Für schwer zugängliche Stellen, z.B. Reinigungsflächen zwischen festmontierten Stuhlreihen in Konferenzräumen, für Treppen oder für Überkopfarbeiten gibt es tragbare Rückengeräte.

Abbildung 4.20 Staubsauger, Rückenstaubsauger

Die Leistung eines Staubsaugers hängt von der Luftfördermenge und dem entstehenden Unterdruck ab. Je größer das Produkt aus Unterdruck und Luftfördermenge ist, um so größer ist auch die Leistung des Staubsaugers.
Für den betrieblichen Einsatz sind Geräte mit Feinstaubfiltern (Mikrofilter) auszuwählen, die die aufgewirbelte Feinstaubmenge in der Raumluft gering halten. Zu al-

len Saugern gibt es heute ein umfangreiches Angebot an Zusatzdüsen zur Reinigung von Rohren, Heizkörpern, Polstern usw.. Diese können in einem speziellen Zubehörfach im Gerätegehäuse untergebracht sein und sind damit jederzeit griffbereit. Bei der Anschaffung eines Staubsaugers ist auch die Entscheidung für ein Kombigerät (Kombination von Naß- und Trockensauger) zu prüfen.

Bürstsaugmaschinen

Man braucht sie ebenfalls zum Entstauben textiler Beläge. Die vorhandenen Bürsten lösen den Schmutz aus dem Flor, richten diesen auf und ermöglichen damit eine intensive Absaugung des tiefliegenden Schmutzes. Fussel, Fäden und Haare werden besonders gut von den Walzenbürsten aufgenommen. Bürstsaugmaschinen können mit ein oder zwei Bürstenwalzen ausgestattet sein. Der Reinigungserfolg ist bei Geräten mit zwei kontrarotierenden Bürstwalzen besser, da der Schmutz von beiden Seiten der textilen Fasern angehoben und abgesaugt und der Flor ebenfalls beidseitig aufgerichtet wird. Auch hierbei sind Geräte mit Feinstaubfiltern zu bevorzugen.
Der Einsatz der Bürstsaugmaschinen ist sinnvoll bei Velour oder Schlingenware. Da Nadelfilz keinen aufstehenden Flor hat, wäre hier die zusätzliche Wirkung der Bürsten im Vergleich zum Staubsauger bedeutungslos (s. Kapitel 6.1.7).

Abbildung 4.21 Bürstsaugmaschinen

▶ *Zur Unterhaltsreinigung von textilen Belägen setzt man Staubsauger oder Bürstsaugmaschinen ein, die mit leistungsstarken Feinstaubfiltern ausgestattet sein sollten.*
▶ *Die Leistung beider Geräte hängt von der Luftfördermenge und dem entstehenden Unterdruck ab.*
▶ *Der Reinigungserfolg ist bei Bürstsaugmaschinen größer als bei Staubsaugern.*

Shampooniermaschinen

Diese Maschinen eignen sich für eine gründliche Reinigung von Teppichböden, weniger für lose aufliegende Teppiche. Es gibt Modelle mit rotierenden Scheiben oder mit Walzen, wobei in beiden Fällen ein Reinigungsshampoo über spezielle Bürsten der Maschine in den Bodenbelag einmassiert wird. Anschließend muß der Schaum mit den darin gelösten Schmutzpartikeln abgesaugt werden. Shampoonieren und Absaugen können einige Walzenmaschinen im gleichen Arbeitsgang durchführen, dann ist aber keine Einwirkzeit des Reinigungsmittels gegeben. Setzt man zum Shampoonieren eine Scheibenmaschine ein, so wird zum Aufnehmen von Schmutz und Shampoorückständen ein Sauger bzw. eine Sprühextraktionsmaschine (s.u.) benötigt. In diesem Fall kann eine Einwirkzeit eingeplant werden. Die Anschaffung eines Shampooniergerätes erübrigt sich, wenn im Haus für Hartbeläge Ein- oder Mehrscheibenmaschinen und für Teppichböden die entsprechenden Sauger vorhanden sind.

Abbildung 4.22 Shampooniermaschine

Sprühextraktionsmaschinen

Sprühextraktionsmaschinen führen eine sehr gründliche Naßreinigung von textilen Belägen durch. Aus einem Reinwassertank gelangt eine Reinigungslösung über Druckdüsen in den textilen Belag, umspült den Flor und wirbelt den Schmutz auf. Saugdüsen saugen im gleichen Arbeitsgang die Schmutzflotte ab und leiten sie in den Schmutzwassertank ein.

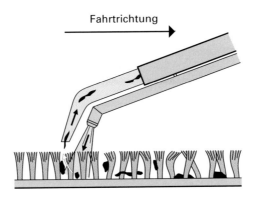

Abbildung 4.23 Funktionsschema einer Sprühextraktion

Zwischen Druck- und Saugdüse können Bürsten liegen, die zwischen den beiden beschriebenen Arbeitsschritten die Reinigungswirkung durch mechanische Bearbeitung des Belages verstärken. In beiden Fällen ist aber nur ein Arbeitsgang notwendig. Die Flächenleistung der Maschine hängt von der Breite der Düsen ab. Die Saugleistung ist heute so stark, daß nur eine geringe Feuchtigkeitsmenge im Textilbelag zurückbleibt. Dennoch ist auch beim Einsatz der Sprühextraktionsmaschinen vorher zu prüfen, ob die Voraussetzungen für eine Naßreinigung gegeben sind.

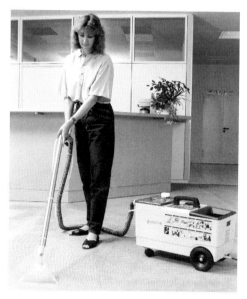

Abbildung 424   Sprühextraktionsmaschine

Die Sprühextraktionsmaschine kann auch zum Absaugen der Schmutzflotte nach einem Shampooniervorgang eingesetzt werden, dann arbeitet sie nur mit Wasser, ohne Reinigungsmittellösung. Dazu sind kleinere Maschinen besonders geeignet. Der Wasserstrahl wirbelt Schmutz und Shampooreste unter Druck im Flor des Teppichbodens auf und saugt beides gründlich ab.

Sowohl Shampoonier- als auch Sprühextraktionsmaschinen können nur bei fest verklebten Teppichböden eingesetzt werden.

> ▶ *Shampoonier- und Sprühextraktionsmaschinen werden zur Grundreinigung textiler Beläge eingesetzt.*

❶ Welche Überlegungen sollten Sie bei der Auswahl eines Staubsaugers anstellen?

❷ Vergleichen Sie die Arbeitsweise und die Reinigungswirkung von Shampoonier- und Sprühextraktionsmaschinen miteinander.

4.1.8   Maschinen zur Mopreinigung

Die beim Feucht- und Naßwischverfahren gebrauchten Wischbezüge müssen in regelmäßigen – meist täglichen – Abständen gewaschen werden. Hierfür sind normale Haushaltswaschmaschinen ungeeignet, da das Ablaufsieb durch die relativ große Menge an Grobschmutz (Knöpfe, Flaschenverschlüsse, Kappen von Spritzen und dergleichen) und vor allem durch die zahlreichen Flusen der Mops sehr schnell verstopft. Mopwaschmaschinen sind gekennzeichnet durch ein spezielles, **großvolumiges Ablaufsystem,** in dem sich weder Grob- noch Feinschmutz verfängt. Das lästige und zeitraubende Säubern des Flusensiebes entfällt. Die Schleuderzahl der Maschinen kann so gewählt werden, daß eine arbeitsgerechte Restfeuchte in den Bezügen zurückbleibt. So können die Mops direkt nach dem Waschen z.B. zum Feuchtwischen eingesetzt werden.

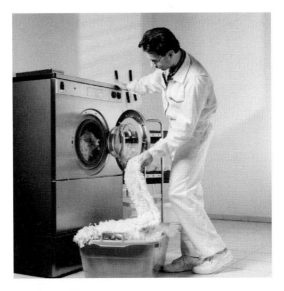

Abbildung 4.25 Mopwaschmaschine

Weiterhin bieten die Spezialwaschmaschinen die Möglichkeit einer **thermischen** oder **chemo-thermischen Desinfektion** entsprechend den Bestimmungen des § 10 c BSeuchG (Bundesseuchengesetz), die für die Mopwäsche im Krankenhaus notwendig ist. Das Waschprogramm läuft dann bei 90 °C mit einer Einwirkzeit von 10 Minuten und einem anerkannten desinfizierenden Waschmittel. Programmkarten-Steuerungen erleichtern die Bedienung auch für ungelerntes Personal.

> ▶ *Wischbezüge sollten nur in Spezialwaschmaschinen mit großvolumigem Ablaufsystem gewaschen werden. Die Maschinen ermöglichen eine thermische und/oder chemo-thermische Desinfektion.*

● Diskutieren Sie die Notwendigkeit einer desinfizierenden Mopwäsche in Ihrem Betrieb.

Alle Reinigungsmaschinen müssen nach Gebrauch ebenfalls **gereinigt** und **gepflegt** werden, um auf Dauer die volle Leistung zu erhalten und eine große Lebensdauer zu gewährleisten. Die notwendigen Reinigungsarbeiten sind den jeweiligen Betriebsanweisungen der Herstellerfirmen zu entnehmen. Sie umfassen den Austausch von Filtern, das Durchspülen von Schlauchsystemen, das Auswaschen von Behältern für Reinigungsmittellösungen und für Schmutzwasser, das Säubern von Pads, Bürstenkränzen usw. **Wartungsarbeiten** an Reinigungsmaschinen werden häufig über Wartungsverträge an Fachbetriebe/Herstellerfirmen vergeben.

4.2   Arbeitsmittel zur Vertikalreinigung

4.2.1   Geräte zur Glasreinigung

Einwascher

Der Einwascher besteht aus einem Spezialhalter mit saug- und strapazierfähigem Bezug aus Nylon-Velour, der mit Druckknöpfen geschlossen wird. Sind hartnäckige Verschmutzungen zu entfernen, kann man das Gerät mit einem speziellen Padstreifen ausstatten. Er dient zum Vorwaschen der Glasflächen mit einer Reinigungslösung.

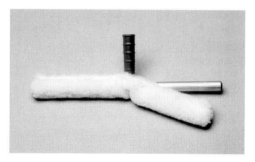

Abbildung 4.26 Einwascher

Schwamm mit Klemmhalter

Ist die zu reinigende Glasfläche sehr klein, nimmt man zum Vorwaschen einen Schwamm aus Synthetik- oder Viskosematerial. Synthetikmaterial ist hart und eignet sich besser zur Entfernung festanhaftender Verschmutzungen.
Bei der Glasreinigung haben Schwämme im Vergleich zum Einwascher einen entscheidenden Nachteil. Nach dem Vorwaschen der Glasfläche wird der Schwamm in der Reinigungslösung ausgewaschen, wobei sich allerdings nicht alle Schmutzpartikel entfernen lassen. Zurückbleibende Sandkörner oder ähnliche feste Substanzen können beim nächsten Vorwaschen Schäden auf der Glasfläche verursachen. Im Nylongewebe des Einwaschers bleiben dagegen keine Schmutzpartikel zurück, sie laufen von der Faser ab und verbleiben in der Reinigungslösung.

Fensterwischer

Er besteht ebenfalls aus einem Spezialhalter mit einer hochwertigen Wischerschiene (Messing, Edelstahl) und eingesetzter Gummilippe. Sowohl Schiene als auch Gummilippe sind auswechselbar. Der Wischer wird zum „Abziehen" der vorher eingewaschenen Glasfläche benutzt. Die Gummikante darf keine Kerben aufweisen, da sonst beim Abziehen Streifen auf der Glasscheibe zurückbleiben. Fensterwischer und Einwascher sind in Breiten von ca. 25 bis 55 cm erhältlich. Man braucht beide Geräte außerdem auch zum Reinigen von großen Kunststoffflächen und gefliesten Wänden.

Abbildung 4.27 Fensterwischer

Teleskopstangen

Diese Stangen werden in den Einwascher, in den Fensterwischer oder in den Klemmhalter für Schwämme eingesteckt, um so die Reichweite der Geräte zu erhöhen. Durch einsetzbare Winkelstücke sind auch schwer zugängige Fensterflächen zu erreichen (z.B. Innenfenster über Schränken). Die Stangen ermöglichen durch Einsatz von Verlängerungsstücken eine Reichweite von mehreren Metern und ersetzen somit häufig die Leiter. Damit erreicht man eine Arbeits- und Zeitersparnis und eine Minderung des Unfallrisikos.

Die Teleskopstangen sind aus Aluminium und haben daher ein relativ geringes Gewicht. Sie verringern somit die körperliche Belastung des Personals, das bei der Glasreinigung häufig in ungünstiger Körperhaltung (Überkopfarbeit) arbeiten muß.

Glashobelklingen

Hochwertige Glashobelklingen, befestigt an Sicherheitshaltern, sind zur Entfernung von hartnäckigen Flecken gedacht. So lassen sich Farbreste o.ä. von den Glasflächen entfernen.

Sind Klebeband- und Aufkleberreste abzulösen, sollten diese zunächst ausreichend mit Wasser eingenäßt werden, um eventuelle Beschädigungen der Glasflächen durch die Glashobelklinge zu verhindern.

Fensterleder oder Lederersatztücher

Diese Tücher werden zum Abledern der Glasränder, der Fensterrahmen und der Gummikante des Fensterwischers eingesetzt. Bei sehr kleinen Scheiben nimmt man das Leder auch zum Abziehen der Einwaschflüssigkeit anstelle des Fensterreinigers. Echte Fensterleder, meist aus Schaffellen hergestellt, nehmen Wasser im Vergleich zu Lederersatztüchern besser und schneller auf. Die Lederersatztücher – auch Vliestücher genannt – schieben das Wasser leicht vor sich her. Sie sind aber bedeutend preisgünstiger und geben auch aufgenommenen Schmutz schneller und vollständiger wieder ab als das echte Fensterleder. Die echten Leder haben jedoch einen besseren „Griff" bei der Arbeit.

Poliertücher

Sie dienen zum Nachpolieren von Glasflächen, falls kleine Wasserstreifen sichtbar geblieben sind. Fusselfreie Gewebe aus Leinen oder Jute sind hierzu am besten geeignet.

Spezialeimer

In rechteckigen Spezialeimern mit Deckel und Abstreifsieb wird die Reinigungslösung beim Fensterputzen mitgeführt.

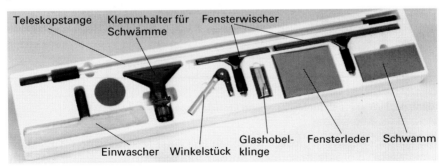

Abbildung 4.28 Glasreinigungsgeräte

● Welche Arbeitsgeräte führen Sie zur Reinigung gut erreichbarer, normal verschmutzter Fenster mit sich?

4.2.2 Geräte zur Reinigung von Einrichtungsgegenständen

Reinigungseimer
Das Personal führt die Eimer auf fahrbaren Kleingestellen oder auf Reinigungswagen mit sich.

Reinigungsschwämme / Padschwämme
Die Schwämme werden aus strapazierfähigem Synthetik- oder Viskosematerial mit oder ohne Scheuerseite angeboten. Zur täglichen Reinigung sollten möglichst nur kratzfreie Schwämme – sie haben keine oder eine helle Padschicht – benutzt werden, um werkstoffschonend zu arbeiten. Je dunkler die Padschicht ist, desto mehr Abrieb kann sie verursachen. Naturschwämme finden bei der Reinigung keine Verwendung, sie sind zu teuer und nicht beständig gegen Säuren und Alkalien.
Schwammtücher bewähren sich in der gewerblichen Reinigung wegen der geringen Lebensdauer nicht. Sobald mehrfach punktuell gescheuert werden muß, ist die Schwammauflage zerstört und das textile Grundgewebe wird sichtbar.

Reinigungstücher
Sie bestehen ebenfalls aus Viskose- oder Synthetikmaterial. Viskosematerial ist kochbar bei 95 °C und somit hygienisch einwandfrei zu reinigen. Es bleibt auch in trockenem Zustand weich. Synthetikmaterial dagegen ist nur bis zu 60 °C temperaturbeständig und wird häufig nach der Trocknung steif, hart und sperrig.

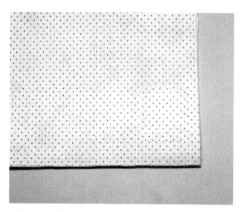

Abbildung 4.29 Wischtuch für Mobiliar und Einrichtungsgegenstände

Reinigungstücher aus Mikrofasern bestehen aus einer Mischung von Polyester- und Polyamidfasern, die eine besonders poröse Vliesstoffstruktur bilden. Durch diese Zwei-Komponenten-Struktur werden sowohl wässrige als auch fett-/ölhaltige Verschmutzungen aufgenommen. Die zahlreichen Poren bewirken ein hohes Staub- und Schmutzhaltevermögen.

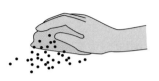 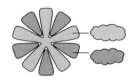 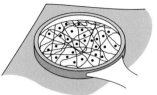

1. Abheben des Schmutzes = mechanische Reinigungswirkung

2. Aufnehmen des Schmutzes durch die Zwei-Faser-Komponenten: Polyamidteil (blau) mit hydrophiler (wasserfreundlicher) Eigenschaft. Polyesterteil (grau) mit lipophiler (fettfreundlicher) Eigenschaft

3. Speichern des Schmutzes durch die poröse Vliesstoffstruktur

Abbildung 4.30 Reinigungswirkung der Mikrofasertücher

Alle Reinigungstücher sollten fusselfrei, haltbar, gut greifbar bzw. handlich im Gebrauch sein. Für die Feuchtreinigung geforderte Eigenschaften sind streifenfreie Endtrocknung und eine gute Gleitfähigkeit. Bei der Naßreinigung ist eine gute Schmutzaufnahme und -abgabe sowie eine hohe und schnelle Saugfähigkeit erforderlich.

Farborganisation für Eimer, Schwämme und Tücher
Diese Arbeitsmittel zur Überbodenreinigung können in ein 4-Farben-System eingeordnet werden, damit eine Verwechslung ausgeschlossen ist. Jedes Haus legt für sich die Farben individuell fest, abgestimmt auf die zu reinigenden Gegenstände bzw. Räume.

<u>Beispiel:</u>   Farbspektrum für einzelne Reinigungsbereiche

rot	–	WC, Urinal
gelb	–	Sanitärflächen
blau	–	Möbel
grün	–	Küche

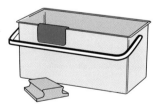

Auch wenn die Farben in verschiedenen Häusern für unterschiedliche Reinigungsobjekte eingesetzt werden, so sollte die Farbe „rot" grundsätzlich der WC-Reinigung zugeordnet sein. Rot steht für den Hinweis „Gefahr", hier soll die Gefahr der Keimübertragung signalisiert und eine Verwechslung der Reinigungsgeräte vermieden werden. Entscheidend ist, daß für das Reinigungspersonal die Zuordnung der Farben eindeutig und klar erkennbar ist. So dürfen beispielsweise die Farben aus Reinigungsschwämmen und -tüchern auch nach längerem Kontakt mit der Reinigungslösung oder nach dem Waschen nicht ausbleichen. Nur so ist eine konsequente Einhaltung des Hygienestandards sicherzustellen.

Piktogramme (bildliche Symbole), die auf die Eimer und auf die Behälter der Reinigungsmittel geklebt werden, erleichtern die Zuordnung. Die Symbole zeigen unmißverständlich das jeweilige Einsatzgebiet und sind eine gute optische Unterstützung. Manche Hersteller bieten auch Reinigungstücher mit entsprechenden Symbolen an.

Wandputzgeräte / Wandpads
Diese Arbeitsmittel werden meist zum manuellen Naßscheuern im Sanitärbereich bei einer Grundreinigung zur Entfernung hartnäckiger Kalkrückstände eingesetzt. Sie sind ähnlich gebaut wie die Randputzgeräte bei der Fußbodenreinigung. Unter einen Kunststoffhalter mit Handgriff wird Vlies- (Pad-) material gelegt, in das Schleifkörner eingearbeitet sein können. Der zu reinigende Werkstoff entscheidet über den Einsatz von Pads mit oder ohne Schleifkörner.

Wand- und Deckenbesen
Diese Besen braucht man zur Entfernung von Staub- und Spinngeweben von Wänden und Zimmerdecken. Sie haben feine, antistatisch ausgerüstete Kunststoffborsten, die rund eingedreht sind und den Staub anhaften lassen.

Gabelmops
Gabelmops setzt man zur Entstaubung von Heizkörpern und Rohren ein. Sie sind U-förmig gebaut und mit weichen, ebenfalls antistatisch ausgerüsteten Kunststofffasern ausgestattet.

Staubtücher und Staubpinsel
Beide Arbeitsmittel finden in der gewerblichen Reinigung kaum Verwendung. Für unbehandelte Holzflächen (z.B. bewohnereigene Möbel im Altenheim) können aber keine Feuchtwischtücher eingesetzt werden. Staubtücher bestehen aus textilem Gewebe, das meist mit einer Imprägnierung ausgerüstet ist.
Staubpinsel können zum Abstauben von Blumentrockendekorationen, Schnitzereien an Schränken, Wanddekorationen o.ä. notwendig werden. Sie enthalten feine, meist natürliche Borsten, die rund zusammengefaßt sind.

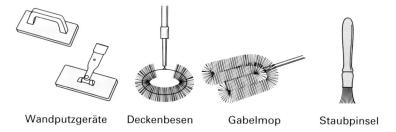

| Wandputzgeräte | Deckenbesen | Gabelmop | Staubpinsel |

Abbildung 4.31 Arbeitsgeräte zur Vertikalreinigung

Die **Arbeitsgeräte zur Vertikalreinigung** werden je nach Art und Verschmutzung trocken oder naß gereinigt. Staubpinsel reibt man trocken aus, Wand-, Deckenbesen und Gabelmops schlägt man aus oder wäscht sie in größeren Zeitabständen in einer leichten Reinigungsmittellösung. Schwämme und Pads sind nach jedem Gebrauch in klarem Wasser auszuspülen, Reinigungstücher können z. T. auch maschinell gereinigt werden. Imprägnierte Staubtücher verlieren nach mehrmaligem Waschen mehr und mehr ihre Imprägnierung, eine häufige Naßbehandlung ist daher nicht erwünscht.

> ▶ *Bei der Auswahl von Padschwämmen und Reinigungstüchern sind unterschiedliche Qualitäten zu prüfen.*
> ▶ *Geräte zur Vertikalreinigung sind nach einem Farbsystem zusammenzustellen, um eine Zuordnung zu verschiedenen Reinigungsobjekten sicherzustellen.*
> ▶ *Spezielle Wandputzgeräte, Deckenbesen und Gabelmops erleichtern die Reinigung bestimmter Objektteile.*

❶ Stellen Sie die Bedeutung der Farborganisation bei der Reinigung von Einrichtungsgegenständen dar.

❷ Was ist bei der Verwendung von Padschwämmen zu beachten?

4.2.3 Maschinen zur Reinigung von Glas und Einrichtungsgegenständen

Hochdruckreiniger
Hochdruckreiniger können auch zur Vertikalreinigung eingesetzt werden. Das geschieht in erster Linie im Sanitär- und Bäderbereich zur Reinigung von Decken, Wänden, Sanitärobjekten, Armaturen usw. (siehe auch Kapitel 4.1.6).

Dampfreiniger
Dampfreiniger ermöglichen die maschinelle Reinigung von Polstern und Vorhängen, aber auch von Wänden, Decken oder Fußbodenflächen. Besonders geeignet sind diese Geräte zur Reinigung schwer zugänglicher Schmutzstellen wie etwa von Heizkörpern, Heizungsschächten, Rohrleitungen, Rädern und Metallgestellen an Wäsche- oder Reinigungswagen, an Abfallsammlern, an Rollstühlen und dergleichen.

Abbildung 4.32 Dampfreiniger

Dampfreiniger arbeiten nur mit klarem Leitungswasser, das erhitzt und anschließend verdampft wird. Die Geräte verfügen über verschiedene Reinigungsaufsätze, über die Reinigungstücher aufgespannt sein können. Diese nehmen den abgelösten Schmutz auf und werden bei entsprechendem Verschmutzungsgrad ausgetauscht, ausgewaschen (kochbar) und wiederverwendet. Die Reinigungstücher können den Schmutz aber nur von den Stellen aufnehmen, die sie auch tatsächlich erreichen. In kleinen Zwischenräumen, z.B. zwischen einzelnen Heizungsrippen, kann der Schmutz vom Dampfreiniger nur angelöst werden, läßt sich dann allerdings manuell sehr schnell entfernen. Da ohne jede Reinigungschemie gearbeitet wird und der Wasserverbrauch bei der Reinigung gering ist, kann mit dem Dampfreiniger recht umweltfreundlich gereinigt werden.

Nachteilig bei längerer Arbeit mit dem Gerät in kleinen Räumen ist die starke Dampfentwicklung, die für das Reinigungspersonal unangenehm sein kann.

Elektrischer Fensterreiniger

Elektrische Fensterreiniger arbeiten nach dem gleichen Funktionsprinzip wie Dampfreiniger, gehören z.T. auch als Zusatzausrüstung zu diesen Geräten. Reinigungsmittelzusatz entfällt hierbei ebenfalls. In der gewerblichen Reinigung haben sich die elektrischen Fensterreiniger bisher weniger durchgesetzt, da ihr Transport innerhalb des Hauses sehr lästig ist. Außerdem kann die Flächenleistung bei manueller Reinigung durchaus höher liegen, die gereinigten Scheiben sind auch nicht vollständig streifenfrei.

Abbildung 4.33 Elektrischer Fensterreiniger

▶ *Hochdruckreiniger erleichtern die Vertikalreinigung im Sanitär- und Bäderbereich.*
▶ *Dampfreiniger erleichtern die Reinigung schwer zugänglicher Schmutzstellen. Sie arbeiten umweltfreundlich.*

4.3 Hilfsmittel zur Reinigung

4.3.1 Reinigungswagen

Dieses zeitsparende Transportsystem sichert eine **perfekte Organisation** der Reinigungsabläufe. Es stellt für das Personal eine mobile Putzkammer dar, die alle Arbeits- und Hilfsmittel für eine Reinigungstour mitführt. Organisatorisch ist es sinnvoll, für jede Reinigungskraft einen Wagen bereitzustellen, der auf den jeweiligen Einsatz abgestimmt und mit den entsprechenden Reinigungsutensilien beschickt ist. Von der Industrie wird nicht **der** Reinigungswagen angeboten, sondern ein **Baukastensystem**. Dieses System besteht aus dem fahrbaren Grundgestell, das es in verschiedenen Größenabmessungen gibt.

Die Kombinationsmöglichkeiten in der Ausstattung dieses Grundmodells mit unterschiedlichem Zubehör sind nahezu unbegrenzt. Bei der Zusammenstellung der Zubehörteile hat man sich grundsätzlich an den Erfordernissen des jeweiligen Reinigungsobjektes zu orientieren.

Als **Zubehör** wird angeboten:

- *Kunststoffeimer* und *-wanne,* ausgestattet mit Presse oder Abstreifsieb zur Fußbodenreinigung
- verschiedenfarbige *Kunststoffeimer* zur Sanitär- und Mobiliarreinigung
- *Kunststoffschalen* oder *Drahtkörbe* zum Aufnehmen von Papierhandtüchern, WC-Papier, Müllsäcken, Gummihandschuhen, sauberen Mops, Sprühkännchen, Handpads, Reinigungsmittel und dergleichen
- *Klemmhalter* zur seitlichen Befestigung von Wischgeräten oder Besen
- *Halterungen* zur Befestigung von Handfeger, Kehrschaufel, WC-Papier
- *Rahmen* zur Aufnahme von einem oder mehreren Müllsäcken; die Rahmen sind z.T. klappbar aus Gründen der Platzersparnis beim Abstellen des Wagens
- *Kunststoffdeckel* zum Verschließen der Müllsäcke

Aus diesem möglichen Zubehör wird das Grundmodell zusammengestellt. In einem Betrieb können durchaus verschiedene Variationsmöglichkeiten in Frage kommen.

Abbildung 4.34 Reinigungswagen

> ▶ *Reinigungswagen ermöglichen eine perfekte Organisation der Reinigung. Sie werden nach dem Baukastenprinzip zusammengestellt.*

❶ Stellen Sie einen Reinigungswagen zusammen, der mit notwendigem Zubehör für die Stationsreinigung in einem Krankenhaus (Patientenzimmer, Naßzellen, Flure…) ausgestattet ist. Es wird nach der Einweg-Mop-Methode gereinigt, der Abfall wird sortiert nach Glas, Papier und Sonstigem.

❷ Wie könnte ein Reinigungswagen bestückt sein, der ausschließlich zur Reinigung von Fluren eingesetzt wird?

4.3.2   Schmutzschleusen

Schmutzschleusen (Schmutzsperren / Schmutzfangmatten) werden in erster Linie im Eingangsbereich eines Hauses, aber auch im Gebäudeinnern ausgelegt. Sie sind überall dort sinnvoll, wo mit starken Schmutzansammlungen zu rechnen ist. Durchdachte Schmutzfangzonen können zwischen 50 und 80% der in ein Haus eingetragenen Schmutzmenge aufnehmen, vorausgesetzt, daß kein Besucher sie umgehen kann. Sie sollten bereits vor dem Gebäude mit einer Grobschmutzauffangzone beginnen. Im Gebäude werden Schmutzfangläufer im Aufzug, vor Getränkeautomaten, an Übergängen zwischen Küche und Eßräumen u. ä. Stellen verlegt.

Schmutzfangzonen reduzieren in erheblichem Umfang die Reinigungskosten eines Gebäudes. Durch den geringeren Verbrauch an Reinigungsmitteln tragen sie indirekt zur Umweltentlastung bei. Da sie nicht nur Schmutz, sondern auch Feuchtigkeit zurückhalten, ist die Unfallgefahr durch erhöhte Rutschsicherheit herabgesetzt. Eine bessere Werkstofferhaltung der Böden, verbunden mit guter Optik, wird ebenfalls erreicht. Schmutzschleusen werden aus verschiedenen Materialien angeboten.

Textile Schmutzfangmatten/-läufer
Das Gewebe hält Feinschmutz und Feuchtigkeit zurück. Viele Reinigungsunternehmen bieten diese Schmutzfangmatten im Leasing-Verfahren (Leihverfahren) an. Damit wird dem Betrieb das Problem der Reinigung abgenommen. Ihr Austausch wird fest vereinbart (z.B. wöchentlich, vierzehntägig, monatlich) und kann jahreszeitlich variieren.

Abbildung 4.35 Textile Schmutzfangmatte

Gummimatten

Die Matten haben eine große Aufnahmekapazität für Nässe und vor allem für Grobschmutz. Da die Gummiprofile beim Begehen nachgeben, wird „aktiv" Schmutz von den Schuhen abgestreift.

Matten aus Vinylschlingen

Die Aufnahmekapazität für Schmutz und Nässe ist groß.

Sisal- oder Kokosmatten

Die Reinigungswirkung ist vor allem bei geflochtenem Material nicht sehr groß, da es nur geringe Elastizität besitzt. Die Matten setzen sich schnell mit Schmutz zu, so daß nachfolgende Besucher diesen direkt weitertragen können. Sie lassen sich nur trocken reinigen.

Aluminiumschmutzfangmatten mit Einsätzen

Abbildung 4.36 Aluminiumschmutzfangmatte

Diese Matten sorgen für hohen Schmutzabrieb, lassen Staub und Steinchen zwischen die Lamellen fallen und verhindern somit eine Schmutzweitergabe an nachfolgende Besucherschuhe. Feuchtigkeit kann in ausreichender Menge aufgenommen und wieder abgegeben werden. Bei geringem Schmutzeintrag genügt ein Absaugen der Matte, bei stärkeren Verschmutzungen wird sie aus dem Mattenbett herausgerollt, um den darunterliegenden Schmutz zu entfernen.

Abbildung 4.37 Funktionsweise der Aluminiumschmutzfangmatte

Elektrische Schmutzschleusen

Diese Schmutzschleusen bestehen aus Metallgitterrosten, in denen sich viele elektrisch angetriebene Einzelbürsten drehen und "aktiv" die Schuhsohlen reinigen. Der Einbau dieser Schmutzschleusen ist aufwendig, teuer und kann nur bei Neu-/Umbauten eingeplant werden. Für viele Besucher ist das Begehen dieser sich ständig bewegenden Fläche unangenehm und mit dem Gefühl einer „Begehunsicherheit" verbunden.

Bei der Auswahl von Schmutzschleusen sind zahlreiche Eigenschaften der einzelnen Materialien zu beachten.

Tabelle 4.3	Eigenschaften verschiedener Schmutzschleusen					
	Textile Schmutz- fang- matten	Gummi- matten	Matten aus Vinyl- schlingen	Sisal- oder Kokos- matten	Aluminium- schmutz- fang- matten	elektrische Schmutz- schleusen
Reinigungswirkung	gut	gut	gut	begrenzt	sehr gut	sehr gut
Schmutzübertragung auf nachfolgende Besucherschuhe	möglich	nein	nein	ja	nein	nein
Trittsicherheit	gut	gut	gut	gut	gut	„subjektiv" nicht gut
Reinigung der Schmutzschleuse	gut aber häufig	sehr gut	sehr gut	schlecht	sehr gut	sehr gut
Mögliche Farbgestaltung	vielfältig	nur schwarz	vielfältig	begrenzt	begrenzt	begrenzt
Aussehen nach längerem Gebrauch	gut (Flecken?)	sehr gut	sehr gut	weniger gut	sehr gut	sehr gut
Haltbarkeit	gut	gut	sehr gut	gering	sehr gut	sehr gut

Aus Gründen der Unfallverhütung ist bei der Auswahl der Schmutzschleusen auf mögliche Stolperkanten zu achten. Liegen die Matten auf dem Boden auf, dürfen sie nur eine sehr geringe, möglichst am Rand abgeflachte Höhe aufweisen. Dickere Gummimatten, mit Aluminiumstäben verstärkte Gummimatten, Sisal- oder Kokosmatten oder Matten aus Aluminiumlamellen mit eingearbeiteten Bürsten müssen aus Sicherheitsgründen in einem „Bett" (Vertiefung im Fußboden) verlegt sein.

▶ *Schmutzschleusen halten große Schmutzmengen zurück und reduzieren damit die Reinigungskosten in erheblichem Umfang. Bei der Wahl der Schmutzschleusen sind ästhetische und reinigungstechnische Überlegungen anzustellen.*

● An welchen Stellen sind in Ihrem Betrieb Schmutzschleusen eingesetzt? Wo wären eventuell weitere sinnvoll?

5 Behandlungsmittel

Von den Produkten, die heute auf dem Markt sind, werden folgende Eigenschaften erwartet:

- *gute Reinigungsleistung*
- *gesicherte Desinfektionswirkung*
- *optimale Pflege*

- *Werterhaltung der Werkstoffe*
- *hohe Umweltverträglichkeit*

5.1 Überblick – Behandlungsmittel in der Reinigung

Bei den Behandlungsmitteln, die zur Reinigung eingesetzt werden, unterscheidet man von der **Anwendung** her drei große Gruppen: **die Reinigungsmittel, die Pflegemittel und die Kombinationsprodukte.**

Tabelle 5.1 Die wichtigsten Behandlungsmittel in der Reinigung		
Reinigungsmittel	**Pflegemittel**	**Kombinationsprodukte**
• Allzweck-/Universalreiniger	• Selbstglanzemulsionen	• Wischpflegemittel
• Alkoholreiniger	• Wachse	– mit Seifenreinigern
• Schmierseife	• Polituren	– mit wasserlöslichen
• Seifenreiniger		Polymeren
• Fußbodengrundreiniger		– mit wasserunlöslichen
• Scheuermittel		Polymeren
• Spezialmittel		– mit Wachsen
– Glas-/Fensterreiniger		• Desinfektionsreiniger
– Sanitärreiniger		• Cleaner
– Desinfektionsmittel		
– Teppichreinigungsmittel		

5.2 Reinigungsmittel

Reinigungsmittel werden im Haushalt zur Schmutzentfernung von Sanitärobjekten, Mobiliar, Fenster-, Glas-, Kunststoff-, Metallflächen oder Fußböden eingesetzt. Bei der Auswahl eines Produktes sind die Verschmutzungsart, der Verschmutzungsgrad und der jeweilige Werkstoff zu beachten.

5.2.1 Inhaltsstoffe

Reinigungsmittel können eine Vielzahl von **Inhaltsstoffen** enthalten, die unterschiedliche Wirkungen haben. Tabelle 5.2 gibt einen Überblick. Detaillierte Angaben über Art und Menge der in einem Reinigungsmittel enthaltenen Inhaltsstoffe sind einem Formblatt zu entnehmen, das vom Reinigungsmittelhersteller angefordert werden kann (s. Kapitel 5.7.2).

Tabelle: 5.2 Überblick über wichtige Inhaltsstoffe von Reinigungsmitteln, ihre Wirkungen und Gefahren

Inhaltsstoffe	Reinigungswirkung	Gefahren
Tenside	• Setzen die Oberflächenspannung des Wassers herab • Ermöglichen gute Benetzung des Reinigungsobjektes • Emulgieren fett- und ölhaltige Substanzen	• Gewässerbelastung
Säuren	• Entfernen Zementreste und Kalkablagerungen, Urinstein und Rostflecken	• Werkstoffschädigung (je nach Art der Säure) • Gesundheitsgefährdung (Verätzung an Haut und Augen) • Gewässerbelastung
Alkali (Laugen)	• Entfernen öl-, fett- und eiweißhaltige Verschmutzungen	• Werkstoffschädigung (Linoleum-, Gummibeläge, polierte Kalksteine, eloxierte Flächen) • Gesundheitsgefährdung (Verätzungen an Haut und Augen) • Gewässerbelastung
Organische Lösemittel	• Entfernen teerhaltige Verschmutzungen, Pflegemittelrückstände, Farb-, Lack- und Klebstoffreste	• Explosionsgefahr • Werkstoffschädigung (PVC-, Gummibeläge, Fugenabdichtungen, lackierte Flächen) • Gesundheitsgefährdung (akute Schädigung des Nervensystems)
Enthärter Komplexbildner Gerüststoffe (z.B. Phosphat, Zeolith)	• Verbessern die Waschkraft der Tenside • Verhindern Kalkseifenbildung	• Gewässerbelastung durch Überdüngung (Eutrophierung), Fischsterben durch Sauerstoffmangel bei Phosphaten • keine Gewässerbelastung bei Zeolith
Bleichmittel (aktivchlorabspaltend, aktivsauerstoffabspaltend)	• Zerstören Farbpigmente • Desinfizieren Flächen (je nach Konzentration)	• Gesundheitsgefährdung (Verätzungen der Haut und Augen) • Gewässerbelastung besonders bei chlorhaltigen Produkten (Bildung chlororganischer Verbindungen, kaum abbaubar, giftig) • Gewässerbelastung bei perborathaltigen Produkten • keine Gewässerbelastung bei percarbonathaltigen Produkten
Abrasivstoffe	• Entfernen Schmutz auf mechanischem Wege	• Keine Belastung
Farb-, Duftstoffe	• Keine!	• Gesundheitsgefährdung (Allergiegefahr)

Tenside

Alle Reinigungsmittel enthalten als **reinigungs-/waschaktive Substanzen (WAS)** entweder **natürliche Tenside (Seifen)** oder **synthetische Tenside (synthetische Detergentien, Syndets)**. Seifen werden durch Sieden von Fetten und Ölen zusammen mit Alkali (z.B. mit Kalilauge) gewonnen. Ihre Herstellung ist relativ einfach und der Produktionsprozeß selbst wenig umweltbelastend. Synthetische Tenside dagegen gewinnt man in aufwendigen Produktionsprozessen, die aus Sicht der Umweltbelastung nicht immer problemlos sind.

Die Zahl der auf dem Markt befindlichen synthetischen **Tenside** ist sehr groß und steigt ständig, das macht eine einheitliche Beurteilung kaum möglich. Beide reinigungsaktiven Substanzen unterscheiden sich in ihrer **Reinigungsleistung** und in ihrer **biologischen Abbaubarkeit**. Die Reinigungsleistung synthetischer Tenside ist in der Regel höher als die der Seifen, so daß bei seifenhaltigen Reinigern höher dosiert oder mehr Mechanik eingesetzt werden muß, um die gleiche Leistung zu erzielen.
Die biologische Abbaubarkeit ist bei den Seifen gesichert, bei den synthetischen Tensiden trifft das für einen großen Teil ebenfalls zu, leider aber nicht für alle. Das am häufigsten eingesetzte synthetische Tensid ist zur Zeit das „LAS" (Lineares Alkylbenzolsulfonat), dessen vollständiger Abbau aber nicht möglich ist. Auch wenn Seifen vollständig abbaubar sind, so ist auch ihre Umweltbelastung differenziert zu sehen (s. Kapitel 5.2.4 Schmierseife).

Tenside sind chemische Verbindungen, deren Molekül aus zwei verschieden wirksamen Teilen besteht, aus einem wasserfreundlichen (hydrophilen) und einem wasserabstoßenden (hydrophoben) Teil.

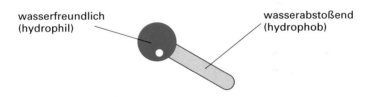

wasserfreundlich
(hydrophil)

wasserabstoßend
(hydrophob)

Abbildung 5.1   Aufbau eines Tensidmoleküls

Der wasserabstoßende Teil ist gleichzeitig fettfreundlich (lipophil) und besitzt damit die Fähigkeit, sich an fetthaltige Substanzen anzulagern. Bei der Reinigung bleibt der wasserfreundliche Teil des Tensids in der wässrigen Lösung, während der wasserabstoßende Teil an entsprechenden Schmutzpartikeln anhaftet. Dadurch wird der Schmutz abgelöst und in die Reinigungsflotte „getragen". Tenside haben **Dispersions-** und **Emulsionswirkung,** d.h. sie zerlegen Schmutzpartikel und halten nicht mischbare Substanzen (z.B. Fett und Wasser) in der Schwebe. Sie sind daher Vermittler zwischen Schmutz und Wasser und gleichzeitig Schmutzträger.

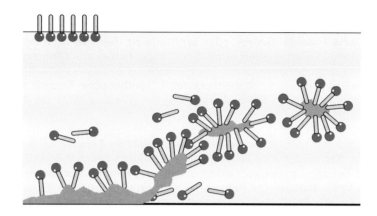

Abbildung 5.2 **Wirkung der Tenside:** Die Tenside lagern sich am Schmutzteilchen an und lösen es vom Werkstoff. Die angelagerten Tensidmoleküle sorgen dafür, daß der Schmutz in der Reinigungsflotte schwimmt und sich nicht auf den Werkstoff setzt.

Tenside setzen weiterhin die **Oberflächenspannung** des Wassers herab und ermöglichen damit eine gute Benetzung der zu reinigenden Fläche. Durch diese Wirkung der Tenside dringt eine Reinigungsflotte deutlich besser in Fugen und Ritzen ein als klares Wasser.

Säuren

In Reinigungsmitteln enthaltene Säuren werden zur Entfernung von Kalk und anderen **mineralischen Ablagerungen** auf Reinigungsobjekten eingesetzt. Man unterscheidet nach ihrem chemischen Aufbau:

Organische Säuren	**Anorganische Säuren**
● Ameisensäure	● Salzsäure
● Essigsäure	● Schwefelsäure
● Zitronensäure	● Salpetersäure
	● Sulfaminsäure
	● Phosphorsäure

Die organischen Säuren können vollständig biologisch abgebaut werden und sind daher im Gegensatz zu den anorganischen Säuren nicht umweltbelastend.

Die Reinigungswirkung der Säuren ist unterschiedlich stark, man unterscheidet

schwache Säuren	**mittelstarke Säuren**	**starke Säuren**
● Essigsäure	● Ameisensäure	● Salzsäure
● Zitronensäure	● Phosphorsäure	● Schwefelsäure
		● Salpetersäure
		● Sulfaminsäure

(Zur Wirkung der Säuren siehe auch Kapitel 5.2.8.)

Alkali

Sie haben die Fähigkeit, eiweiß- und fetthaltige Substanzen von Reinigungsobjekten abzulösen. Man findet sie daher z.B. in Reinigern für den Großküchenbereich. Weiterhin sind sie in verschiedenen Grundreinigern (z.B. für PVC-Beläge), in Rohrreinigern oder in chlorhaltigen Sanitärreinigern enthalten.

Der Gehalt an Säuren bzw. an Alkali bestimmt den **pH-Wert** einer Lösung. Je nach Art der zu entfernenden Verschmutzung bzw. nach Art des Werkstoffes werden saure, neutrale oder alkalische Reiniger ausgewählt.

sauer					neutral						alkalisch		
1	2	3	4	5	6	7	8	9	10	11	12	13	14

saure Reiniger	**Neutralreiniger**	**alkalische Reiniger**
z.B. Sanitärreiniger,	Allzweckreiniger,	z.B. Schmierseife,
Kalklöser,	Alkoholreiniger	Seifenreiniger,
Rostlöser		PVC-Grundreiniger

Abbildung 5.3   pH-Wert von Reinigungsmitteln

Organische Lösemittel

Diese Lösemittel (Lösungsmittel) sind Stoffe, die aus organischen Substanzen – Kohle, Erdöl, – gewonnen werden. Man braucht sie zur Entfernung spezieller Verschmutzungen, die dem Öl verwandt sind wie z.B. Teer- oder Wachsflecke, Pflegemittelrückstände, Klebstoff-, Kaugummi-, Lack- oder Farbreste. Diese lassen sich mit Tensiden, Säuren oder Alkali allein nicht lösen. Es gibt wasserlösliche und wasserunlösliche Lösemittel. Das wichtigste wasserlösliche Lösemittel ist der Alkohol. Seine Reinigungswirkung ist nicht sehr stark, viele Verschmutzungen können hierdurch nur „angelöst" oder „angequollen" werden, seine biologische Abbaubarkeit ist aber vollständig gewährleistet.

Eine stärkere Reinigungswirkung, aber auch größere **Umweltbelastung** und **Gesundheitsgefährdung** des Menschen geht von den wasserunlöslichen Lösemitteln aus, zu denen Benzin, Terpentin, Aceton, aber auch die aromatischen Kohlenwasserstoffe – Benzol, Toluol, Xylol – und die chlorierten Kohlenwasserstoffe (CKW) – Trichlorethan, Trichlorethylen oder Perchlorethylen – gehören. Akute Gesundheitsstörungen durch diese Produkte sind Kopfschmerzen, Benommenheit, Übelkeit und Schleimhautschädigungen. Benzol ist langfristig krebserregend, Toluol führt wahrscheinlich zu einer Fruchtschädigung während der Schwangerschaft. Sowohl die genannten aromatischen als auch die chlorierten Kohlenwasserstoffe sollten in einer umweltorientierten Gebäudereinigung gemieden werden.

Bei der Verwendung lösemittelhaltiger Reiniger ist zu beachten, daß diese **brennbar** sind (Ausnahme: chlorierte Kohlenwasserstoffe), daher kann z.B. durch das Rauchen einer Zigarette bei der Reinigungsarbeit ein Brand oder eine Explosion ausgelöst werden. Auf das Rauchen beim Umgang mit lösemittelhaltigen Reinigungs- und Pflegemitteln sollte deshalb unbedingt verzichtet werden. Eine ausreichende Raumbelüftung soll vor allem verhindern, daß das Reinigungspersonal zuviel der Dämpfe einatmet.

Von den genannten vier Inhaltsstoffen geht in den meisten Reinigungsmitteln die eigentliche Reinigungswirkung aus. Weiterhin können aber in den Produkten noch zahlreiche Hilfsstoffe enthalten sein.

> ▶ *Die Umweltbelastung und Gesundheitsgefährdung eines Reinigungsmittels hängt von den jeweiligen Inhaltsstoffen des Produktes ab.*
> ▶ *Lösemittelhaltige Reiniger schädigen Mensch und Umwelt, sie sollten daher sparsam eingesetzt werden. Bei ihrer Anwendung ist für eine ausreichende Raumbelüftung zu sorgen.*

● Stellen Sie von zwei Reinigungsmitteln, die in Ihrem Betrieb eingesetzt werden, die Inhaltsstoffe nach Herstellerangabe zusammen. Ordnen Sie den Inhaltsstoffen die jeweilige Reinigungswirkung und entsprechende Gefahren zu (s. Tabelle 5.2).

5.2.2 Allzweckreiniger

Einsatzbereiche

Diese Produkte enthalten als reinigungsaktive Substanzen Seifen oder synthetische Tenside. Sie zeichnen sich durch ihre **vielseitige Verwendungsmöglichkeit** aus. Allzweckreiniger (auch Mehrzweck- oder Universalreiniger genannt) werden für zahlreiche Werkstoffe mit wasserfester Oberfläche eingesetzt, z.B. für Glas, Stein, Keramik, lackierte und emaillierte Flächen, versiegelte Holzflächen, wasserfeste Bodenbeläge.

Nur Allzweckreiniger mit einem pH-Wert zwischen 6 und 8 tragen ihren Namen zu Recht, d.h. sie dürfen für „alle Zwecke" (alle Werkstoffe) eingesetzt werden. Sie werden auch **Neutralreiniger** genannt.

Schädigungen

Von Produkten mit neutralem pH-Wert sind keine Schädigungen zu erwarten. Die meisten im Handel befindlichen Allzweckreiniger sind bezüglich ihrer Inhaltsstoffe gesundheitlich unbedenklich und nicht oder nur wenig umweltbelastend. Die Belastung wird durch das verwendete Tensid und den jeweiligen Wasserenthärter bestimmt. In der gewerblichen Reinigung werden Allzweckreiniger flüssig und meist als Konzentrat oder Hochkonzentrat eingesetzt (s. Kapitel 5.5.3).

> ▶ *Allzweckreiniger und Neutralreiniger können zur Reinigung aller Werkstoffe eingesetzt werden.*

5.2.3 Alkoholreiniger

Einsatzbereiche

Alkoholreiniger sind **Allzweckreiniger** mit einem bis zu 30%igen **Alkoholanteil** (z.B. Ethanol, Propanol). Sie hinterlassen auf der zu reinigenden Fläche einen **leichten Glanz**. Glänzende Werkstoffe wie glasierte Fliesen, Kunststoffflächen, lackierte Möbel, Spiegel und dergleichen können mit einem solchen Reiniger naß gewischt werden, **ohne** daß **Streifen** zurückbleiben. Ein Nachwischen mit einem trockenen Tuch ist nicht erforderlich, da die Feuchtigkeit aufgrund des hohen Alkoholanteils schnell verdunstet. Besonders fetthaltige Flecken lassen sich mit diesem Reiniger problemlos entfernen. Bedingt geeignet sind dagegen Alkoholreiniger für Fußböden, die mit einem Pflegefilm behaftet sind; der Boden wird durch die Behandlung stumpf.

Insgesamt ist die **Reinigungswirkung** der Alkoholreiniger etwas **geringer** als bei anderen Allzweckreinigern. Trotz des Alkoholanteils wirken diese Mittel jedoch nicht desinfizierend, die Konzentration ist zu gering. Beim Anmischen der Reinigungsflotte darf nur mit kaltem Wasser gearbeitet werden, da warmes Wasser zu einer schnellen Verdunstung des Alkohols führen würde, damit wäre seine Wirkung aufgehoben. Alkoholreiniger sind meist teurer als andere Allzweckreiniger.

Schädigungen

Der pH-Wert der Alkoholreiniger liegt im neutralen Bereich, so daß sie Werkstoffen gegenüber nicht aggressiv sind. Da ihr Tensidgehalt gering ist und der Alkohol vollständig biologisch abgebaut werden kann, sind Alkoholreiniger wenig umweltbelastend. Bei Produkten mit sehr hohen Alkoholkonzentrationen können Schleimhautreizungen der Atemwege beim Reinigungspersonal auftreten.

> ▶ *Alkoholreiniger sind besonders zur Reinigung glänzender Flächen geeignet, da sie streifenfrei auftrocknen.*

5.2.4   Schmierseife

Einsatzbereiche

Schmierseifen sind nicht zu verwechseln mit Seifenreinigern (s.u.)! Sie werden durch Sieden von Fetten oder Ölen zusammen mit Kalilauge bzw. deren Salzen hergestellt. Die **Reinigungsleistung** der Schmierseife ist **geringer** als die synthetischer Tenside. Wählt man diese Seife in pastenförmiger Form aus, so ist ihre Handhabung ungünstig. Sie löst sich nur langsam auf und bringt damit die Gefahr einer Überdosierung mit sich. In flüssiger Form läßt sie sich besser dosieren.

Problematisch ist der Gebrauch dieser Seife bei hartem Wasser, da sich unlösliche Kalkseife bildet, die ausflockt und anschließend ausfällt. Werden Schmierseifen beim Reinigungsprozeß zusammen mit Säuren (z.B. bei der Sanitärreinigung) eingesetzt, so fallen die enthaltenen Fettsäuren ebenfalls als unlösliche Substanzen aus. In beiden Fällen geht ein Teil der **Reinigungskraft verloren.** Man muß also höher dosieren, um die gleiche Leistung zu erzielen.

Der Vorteil in der Anwendung der Schmierseife bei der Fußbodenreinigung liegt in dem zurückbleibenden seidenmatten **Pflegefilm,** der eine gute Begehsicherheit garantiert und sich nach ausreichender Trocknungszeit leicht auspolieren läßt. Damit hat die Schmierseife gleichzeitig eine pflegende Wirkung. Sie ist deshalb auch als Kombinationsprodukt – für Reinigung und Pflege – zu verstehen. Langfristig baut sich bei ihrer Verwendung ein leichter Pflegefilm auf, der in der Regel beim nächsten Naßwischen entfernt wird. Ein zwischenzeitliches Reinigen des Bodens mit einem

Alkoholreiniger wirkt einer Verkrustung entgegen, läßt aber den Belag nach diesem Reinigungsvorgang leicht stumpf erscheinen. Eine Grundreinigung bleibt dann meist überflüssig oder kann zumindest sehr lange hinausgezögert werden. Schmierseife ist häufig kostengünstiger als Allzweckreiniger.

Schmierseife ist besonders geeignet zur Reinigung und Pflege von offenporigen Steinböden (z.B. Terrakottaplatten), da sie allmählich die Poren „zuschlämmt" und somit den Boden unempfindlicher gegen Flecken macht. Ansonsten kann sie bei den Werkstoffen eingesetzt werden, die einen hohen pH-Wert vertragen (s. Kapitel 6).

Schädigungen
Aufgrund des hohen Laugenanteils ist Schmierseife extrem alkalisch (pH-Wert über 12) und damit aggressiv. Auch wenn in der angesetzten Reinigungslösung der pH-Wert leicht absinkt, bleibt eine hohe Alkalität erhalten. Eine dauerhafte **Werkstoffschädigung** tritt bei Behandlung von Linoleum- oder Gummibelägen, polierten Kalksteinen, lackierten oder eloxierten Flächen mit Schmierseifen auf. Bei langandauerndem Kontakt mit der Reinigungsflotte kann es beim Personal zu **Hautverätzungen** kommen.

Die **Umweltbelastung** der Schmierseife ist differenziert zu betrachten. Im Abwasser kann sie zwar sehr schnell durch die Bildung von Kalkseife ausgefällt werden und bleibt im Klärschlamm zurück, für den späteren Abbau benötigt sie aber relativ viel Sauerstoff, selbst wenn ein Teil im Klärschlamm anaerob (d.h. ohne Sauerstoff) abgebaut wird. Weiterhin ist die Alkalibelastung der Gewässer durch Schmierseife hoch. Beide Aspekte werden häufig bei der Beurteilung der Umweltverträglichkeit der Schmierseife ebenso außer acht gelassen wie die beschriebenen Risiken einer Höherdosierung. Der Herstellungsprozeß selbst ist umweltfreundlich.

> ► *Die Reinigungsleistung der Schmierseife ist geringer als die der Allzweckreiniger, daher muß höher dosiert werden, um den gleichen Reinigungsgrad zu erzielen.*
> ► *Schmierseifen sind stark alkalisch und daher nicht für jeden Werkstoff einzusetzen. Ihre Umweltverträglichkeit ist differenziert zu sehen.*

5.2.5 Seifenreiniger

Einsatzbereiche
Seifenreiniger bestehen aus einem **Gemisch** von **Allzweckreinigern** und **Schmierseife**. Der Zusatz verschiedener Komplexbildner (z.B. Citrat, Glukonat) verhindert bei hartem Wasser die Entstehung von Kalkseife, die die Reinigungsleistung beeinträchtigen würde. Da Seifenreiniger durch ihren Anteil an Allzweckreinigern auch synthetische Tenside enthalten, ist ihre Reinigungsleistung größer als die der reinen Schmierseife. Insgesamt haben Seifenreiniger deutlich bessere Eigenschaften als Schmierseife.

Verwendet man Seifenreiniger zur Fußbodenreinigung, so bleibt ebenfalls ein dünner, auspolierbarer **Pflegefilm** zurück. Die Begehsicherheit ist gut. Damit sich langfristig keine Verkrustungen durch den Seifenanteil aufbauen, sollte in regelmäßigen Abständen – etwa einmal pro Woche – wie bei der Verwendung von Schmierseife eine Reinigung mit einem Alkoholreiniger zwischengeschoben werden. Grundreinigungen bleiben damit ebenfalls weitgehend überflüssig. Es gelten die gleichen Anwendungsempfehlungen wie bei Schmierseife.

Schädigungen

Durch die Kombination von Allzweckreinigern und Schmierseife gewinnt man ein Reinigungsmittel von **geringerer Aggressivität**. Seifenreiniger haben einen pH-Wert von 10 bis 12. Damit ist die Gefahr einer eventuellen Werkstoffschädigung – wie sie bei der Verwendung reiner Schmierseife beschrieben wurde – gemindert. Trotzdem dürfen Seifenreiniger nicht für jeden Werkstoff eingesetzt werden, z.B. nicht für Linoleum. Beim Reinigungspersonal können langfristig ebenfalls Hautschädigungen auftreten. Die Umweltbelastung ist geringer als bei reiner Schmierseife, sie wird mitbestimmt durch das eventuell im Allzweckreiniger enthaltene synthetische Tensid.

> ▶ *Seifenreiniger bringen aufgrund ihrer Zusammensetzung eine bessere Reinigungsleistung als Schmierseife, sie sind weniger aggressiv.*

5.2.6 Fußbodengrundreiniger

Einsatzbereiche

Fußbodengrundreiniger enthalten als Hauptbestandteile Alkali, Lösemittel, Tenside und Wasserenthärter. Sie werden zur Entfernung **hartnäckiger Verschmutzungen** von wasserfesten Werkstoffen eingesetzt. Auf Fußböden sind meist Verkrustungen alter Beschichtungen, zurückgebliebener Reinigungsmittel und darin festgetretener Schmutzpartikel zu lösen. Der ausgewählte Grundreiniger muß sowohl auf den zu behandelnden Werkstoff als auch auf die zu entfernenden Rückstände abgestimmt sein.

Schädigungen

Die Fußbodengrundreiniger sind aufgrund ihrer Inhaltsstoffe stark alkalisch (pH-Wert über 12) und daher aggressiv. Der zu reinigende Bodenbelag muß unbedingt alkalibeständig sein, ansonsten kommt es zu **Werkstoffschädigungen**.
Weiterhin sind diese Reiniger sowohl geruchsbelästigend als auch **gesundheitsschädlich**. Die Lösemittel führen zu Kopfschmerzen, Benommenheit, Übelkeit und Schleimhautreizungen. Manche Grundreiniger stehen aufgrund ihrer Inhaltsstoffe unter dem Verdacht, krebserregend zu sein (s. Kapitel 5.2.1). Die genannten Gefahren gehen zwar von allen lösemittelhaltigen Produkten aus, sie sind aber bei Fußbodengrundreinigern besonders gravierend. Diese Produkte enthalten Lösemittel in sehr hoher Konzentration, werden in großen Mengen eingesetzt und damit auch in erheblichem Umfang vom Reinigungspersonal über einen längeren Zeitraum (je nach Raumgröße) eingeatmet. Durch den hohen Alkali- und Lösemittelgehalt sind diese Reinigungsmittel auch stark **umweltbelastend**.

Im Umgang mit Fußbodengrundreinigern muß weiterhin ihre Brennbarkeit berücksichtigt werden. Es ist daher wichtig, bestimmte **Sicherheitsvorschriften** zu beachten. Das Zigarettenrauchen und der sonstige Gebrauch von offenem Feuer ist während der Reinigungsarbeiten verboten, da Explosionsgefahr besteht. Außerdem ist auf eine ausreichende Raumbelüftung zu achten, damit es nicht zur Anhäufung lösemittelhaltiger Dämpfe kommt. Den Produktbeschreibungen sind eventuell weitere Sicherheitsempfehlungen (z.B. Atemschutz) zu entnehmen.

Die Reinigungs- und Pflegeverfahren für Fußböden sind daher möglichst so auszuwählen, daß man weitgehend auf den Einsatz von Grundreinigern verzichten kann.

> ▶ *Fußbodengrundreiniger sind aggresiv in der Reinigungswirkung, umweltbelastend und gesundheitsschädlich. Ihr Einsatz sollte gemieden werden.*

5.2.7 Scheuermittel

Einsatzbereiche

Scheuermittel sind in erster Linie zur **mechanischen Reinigung** hartnäckiger, oft langanhaftender Verschmutzungen in der Vertikalreinigung (meist in Küche und Sanitärbereich) gedacht. Ihre scheuernde oder schmirgelnde Wirkung geht von Abrasivstoffen aus, das sind fein vermahlene Quarz- oder Marmormehle oder Kreide. Die mechanische Wirkung wird durch reinigungsaktive Tenside, durch Alkalien und in seltenen Fällen durch Bleichmittel unterstützt. Flüssige Produkte, Scheuermilch oder Scheueremulsion genannt, enthalten meist das weichere Marmormehl, mit dem nur ein geringerer Abrieb und damit eine geringere Reinigungsleistung erreicht wird. Pulver bewirkt einen größeren Scheuereffekt durch größeren Abrieb.

Im Betrieb setzt man Scheuermittel in der Unterhaltsreinigung seltener ein. Da vor allem die Sanitärobjekte nahezu täglich gereinigt werden, kommt man meist mit Padschwämmen aus. Ein Wechsel des Reinigungsmittels – Scheuermittel für das unempfindliche Waschbecken, Allzweckreiniger für die empfindlichen Armaturen – unterbricht den Arbeitsablauf und ist aus diesem Grund abzulehnen. Außerdem können Verwechslungen seitens des Personals nicht ausgeschlossen werden. Die Verwendung einheitlicher Behandlungsmittel ist weiterhin kostengünstiger.

Schädigungen

Beim Einsatz der Scheuermittel ist eine eventuelle **Werkstoffschädigung** zu prüfen. Alle zu behandelnden Werkstoffe müssen eine unempfindliche und kratzfeste Oberfläche haben. Lackierte Flächen (Möbel, Türen), Emailleflächen oder verchromte Armaturen können bei langfristigem Gebrauch beschädigt werden. Bleichmittelhaltige, vor allem chlorabspaltende Produkte sollten aufgrund ihrer Gesundheits- und Umweltgefährdung gemieden werden. Die sonstigen Scheuermittel bringen keine Gefährdung mit sich.

> ▶ *Scheuermittel reinigen weitgehend mechanisch, führen aber durch ihre schmirgelnde Wirkung leicht zu einer Werkstoffschädigung.*

❶ Prüfen Sie bei zwei Reinigungsmitteln, die in Ihrem Betrieb zur Unterhaltsreinigung eingesetzt werden, die Anwendungsempfehlungen des Herstellers. Notieren Sie den pH-Wert.

❷ Vergleichen Sie Schmierseife und Seifenreiniger in ihrer Reinigungsleistung und Einsetzbarkeit miteinander.

❸ Stellen Sie Sicherheitsvorschriften beim Umgang mit Fußbodengrundreinigern zusammen, und begründen Sie diese.

5.2.8 Spezialmittel

Glas- und Fensterreiniger

Glas- und Fensterreiniger erzielen einen **streifenfreien Glanz** auf allen Glas- und Spiegelflächen. Sie enthalten als reinigungsaktive Substanz geringe Mengen Tenside (unter 1%) sowie Alkohole, Glykole oder in heute seltenen Fällen Ammoniak (Salmiak). Die letzten drei Stoffe verflüchtigen sich schnell und bewirken daher eine streifenfreie Reinigung. Die Wirkung ist vergleichbar mit derjenigen der Alkoholreiniger. Glasreiniger werden unverdünnt und damit hochkonzentriert als Spray eingesetzt oder mit Wasser angemischt. Eine Umweltbelastung oder Gesundheitsgefährdung besteht auch hier nicht.

Eine Alternative zum teuren Glasreiniger ist – auch für den Großbetrieb – die eigene Herstellung eines entsprechenden Reinigers. Wasser, geringe Mengen eines Handspülmittels und etwas Essig oder Spiritus ergeben ein ebenso wirksames wie preiswertes Glasreinigungsmittel.

Reiniger für den Sanitärbereich

Diese Produkte werden zur Entfernung von Kalkablagerungen, Kalkseifen, Urinstein, Rostablagerungen, Schmutz- und Ausscheidungsresten eingesetzt und versprechen gleichzeitig eine Beseitigung unangenehmer Gerüche.

Reiniger für den Sanitärbereich				
WC-Reiniger	Sanitär- reiniger	Rohr- und Abflußreiniger	Kalkent- ferner	Urinstein- löser

Die Begriffe „WC-Reiniger" und „Sanitärreiniger" sind häufig nicht ganz eindeutig, da beide zur Reinigung des Sanitärbereichs eingesetzt werden. Es verbergen sich aber meist völlig verschiedene Produkte hinter den Begriffen. Als WC-Reiniger werden in der Regel saure Reiniger bezeichnet, die einen pH-Wert unter 2 haben können. Sanitärreiniger sind dagegen stark alkalische Produkte mit einem pH-Wert über 10. Beide Reiniger enthalten noch Tenside, Duftstoffe sowie z.T. auch Alkohol und desinfizierend wirkende Substanzen.

Saure WC-Reiniger, heute verstärkt auf der Basis organischer Säuren hergestellt, sind vollständig biologisch abbaubar und belasten die Gewässer nicht. Zu beachten bei der Auswahl eines sauren Reinigers ist die **Korrosionswirkung** auf Armaturen, die sowohl von der Essigsäure als auch von der Ameisensäure ausgeht. Beide dürfen demnach nur zur Reinigung von Keramikteilen, nicht aber für Wasserhähne und andere eloxierte Teile eingesetzt werden. Für den Arbeitsablauf ist das äußerst ungünstig.
Phosphorsäure hat zwar keine Korrosionswirkung auf Metalle, schädigt aber langfristig die dauerelastische Fugenmasse.

Salzsäurehaltige Produkte sind insgesamt sehr aggressiv, daher zwar gut reinigend, aber auch stark ätzend für alle Werkstoffe und die Haut. Armaturen korrodieren durch Salzsäure. Die Umweltbelastung dieser Mittel ist relativ groß, da sie im Abwasser zu einer Salzbildung führen. Aus diesen Gründen sind salzsäurehaltige Sanitärreiniger unbedingt zu meiden.

Alkalische Sanitärreiniger enthalten neben Tensiden Hypochlorite. Sie wirken bleichend und somit fleckentfernend. Ihre antimikrobielle und damit desinfizierende Wirkung tötet Schimmelpilze auf dauerelastischer Fugenmasse ab. Hier ist allerdings Vorsicht geboten. In den meisten Fällen sitzen die Schimmelpilze in der Fugenmasse so tief, daß sie von den Sanitärreinigern nicht erreicht werden. Ein Austausch der Fugenmasse ist dann meist unumgänglich. Diese Produkte zeigen zwar eine gute Reinigungswirkung gegenüber Fettverschmutzungen und Seifenrückständen, entfernen aber keine Kalkrückstände. Ihre **Umweltbelastung** ist groß, da sie chlororganische Verbindungen bilden, die kaum abbaubar und außerdem giftig sind.

Der Umgang mit alkalischen, chlorhaltigen Sanitärreinigern kann bei unsachgemäßer Handhabung äußerst gefährlich sein. Werden chlorhaltige Reiniger zusammen mit sauren Reinigern eingesetzt, so entsteht Chlorgas. **Chlorgasvergiftungen** mit Schleimhautreizungen und Lungenentzündungen können die Folgen für das Reinigungspersonal sein.

Sanitärgrundreiniger sind immer **aggressiver** in ihrer Wirkung als einfache Sanitärreiniger. Sie sollten auf keinen Fall dem Reinigungspersonal zur täglichen Unterhaltsreinigung zur Verfügung stehen. Auch hiermit wird die Fugenmasse geschädigt. Wenn diese Produkte eingesetzt werden sollen / müssen, ist die Fugenmasse vorher ausreichend mit Wasser zu benetzen, so kann die Aggressivität verringert werden. Eine gewissenhafte Unterhaltsreinigung macht die Verwendung solcher Mittel überflüssig.

Bei der **Sanitärreinigung** ist bei stark verkrusteten Rückständen – z.B. im WC-Becken – eine **Einwirkzeit** der Reiniger einzuplanen. Der Arbeitsablaufplan bei der Reinigung sollte im Bad oder bei WC-Anlagen mit dem Einsprühen des WC-Beckens beginnen und für die folgende Einwirkzeit andere Reinigungstätigkeiten im Raum vorsehen. Dadurch kann der Anteil an chemischen Mitteln reduziert werden. Manche Produkte enthalten ein Verdickungsmittel, das den Reiniger besser an senkrechten Flächen anhaften läßt und somit seine Wirkung verbessert. Setzt man dagegen reinen Haushaltsessig zur Sanitärreinigung ein (häufig aus Gründen der Umweltverträglichkeit empfohlen), so kann dieser aufgrund seiner geringen Viskosität (Zähflüssigkeit) senkrechte Flächen nur kurze Zeit benetzen, seine Reinigungsleistung ist damit deutlich geringer.

Rohr- und Abflußreiniger sollen auf chemischem Weg Rohrverstopfungen lösen. Sie gehören zu den gefährlichsten Reinigungsmitteln, die es auf dem Markt gibt. Mit einem pH-Wert von 13 bis 14 sind sie äußerst aggressiv in ihrer Reaktion. Pulverförmige Produkte enthalten in großen Mengen Natrium- oder Kaliumhydroxid, aus dem sich beim Zusammentreffen mit Wasser unter Wärmeentwicklung hochkonzentrierte Lauge bildet. Diese greift die im Abfluß festsitzenden Substanzen an. Einigen Rohrreinigern sind noch Aluminiumsplitter beigemischt, die unter Bildung von Wasserstoff mit der entstandenen Lauge reagieren und zur Gasbildung im Abfluß führen. Durch diese **Gasentwicklung** kommt es zu einer Verwirbelung der verstopfenden Substanzen, wobei gleichzeitig **Explosionsgefahr** besteht. Zahlreichen Produkten sind Nitrate zugegeben, die eine solche Gasbildung verhindern sollen. Flüssige Abflußreiniger enthalten häufig die ebenfalls aggressiven Hypochlorite.

Die extrem ätzende Wirkung dieser Reiniger führt zu einer Schädigung des gesamten Rohrleitungssystems und der Dichtungen (meist aus Gummi). Für das Reinigungspersonal besteht eine große gesundheitliche Gefahr durch Einatmen und direkten

Kontakt (Haut und Augen). Flüssige Produkte sind häufig noch gefährlicher als pulverförmige, da sich Spritzer schneller auf der Haut ausbreiten können. Die **Umweltbelastung,** die alle Abflußreiniger durch den hohen Alkaligehalt mit sich bringen, ist groß und völlig unnötig, da Saugglocken und Spiralen auf mechanischem Wege besser helfen.

Kalkentferner, Rostlöser und Urinsteinlöser sind saure Sanitärreiniger. Sie haben ebenfalls eine sehr aggressive Wirkung und sind nach der enthaltenen Säure (s.o.) zu beurteilen. Bei gewissenhafter Unterhaltsreinigung ist der Gebrauch dieser Mittel unnötig.

Desinfektionsmittel

Sie zählen auch mit zu den Spezialmitteln. Sie werden zur Abtötung von Mikroorganismen eingesetzt. Da ihre Beurteilung mit derjenigen der Desinfektionsreiniger verbunden ist, sollen diese Produkte an anderer Stelle behandelt werden (s. Kapitel 5.4.3).

Teppichreinigungsmittel

Teppichreinigungsmittel werden zur Zwischen- und Grundreinigung textiler Beläge eingesetzt. Zur Unterhaltsreinigung braucht man keine Reinigungsmittel.

Teppichreinigungsmittel			
Teppichschaum-reiniger	Sprühextrak-tionsmittel	Teppich-reinigungs-pulver	Fleckent-ferner

Teppichschaumreiniger werden mit dem Shampooniergerät oder der Einscheibenmaschine in den Teppichflor einmassiert, lösen den Schmutz an und heben ihn allmählich ab. Verträgt der Teppichboden eine Naßreinigung, so kann mit **Naßschaum** (Feuchtigkeitsgehalt mehr als 30%) gearbeitet werden, ist das nicht der Fall, so wählt man Trockenschaum (Feuchtigkeitsgehalt von 10 – 20%) aus. Als reinigungsaktive Substanzen sind Tenside in relativ hohen Konzentrationen enthalten, die sowohl wasser- als auch fettlösliche Partikel ablösen. Qualitativ hochwertige Schaumreiniger weisen einen neutralen pH-Wert auf, ein gutes Schaumstehvermögen und ergeben nach dem Abtrocknen kristalline und nichtklebende Rückstände. Bleiben klebrige Rückstände im Teppichflor zurück, muß mit einem schnellen Wiederanschmutzen des Belages gerechnet werden. Diese Produkte sind in flüssiger Form und als Spray (geeignet für kleine Flächen) im Handel erhältlich.

Sprühextraktionsmittel lassen sich mit Hilfe des Sprühextraktionsgerätes in den Flor des Teppichbodens einsprühen und werden mit dem gelösten oder abgehobenen Schmutz direkt wieder abgesaugt. Sie enthalten ebenfalls Tenside in hoher Konzentration. Im Gegensatz zu den Schaumreinigern müssen Sprühextraktionsmittel schaumgebremst sein, um die Kapazität des Schmutzwassertanks beim Absaugen der Schmutzflotte voll ausnutzen zu können. Manchen Produkten sind daher spezielle Entschäumer zugesetzt. Der pH-Wert sollte ebenfalls im neutralen Bereich liegen, um Farbveränderungen zu vermeiden. Auch wenn beim Sprühextrahieren im Vergleich zum Shampoonieren deutlich geringere Mengen des Reinigungsmittels im Teppichflor zurückbleiben, wird ein kristallines Auftrocknen der Rückstände erwartet.

Teppichreinigungspulver werden häufig zur Zwischen- oder Teilflächenreinigung textiler Beläge eingesetzt. Sie sind dann geeignet, wenn der Boden keine Naßreinigung verträgt. Neben Tensiden enthalten sie pulverförmige Trägerstoffe (z.B. Maisschrot oder Sägemehl), die mit Lösemitteln getränkt sind. Diese **Lösemittel** lösen die Schmutzpartikel von den Fasern des Teppichbodens ab und binden sie an die Trägerstoffe, die nach der Trocknung abgesaugt werden. Teppichreinigungspulver können beim Einatmen die Schleimhäute der Atemwege schädigen.

Fleckentferner (Detachurmittel) sind zur Entfernung spezieller Verschmutzungen einzusetzen, dazu gehören z.B. Absatzstriche, Kugel- oder Filzschreiberflecke, Tintenflecke, Teer-, Wachs-, Lack- oder Getränkereste. Die Industrie bietet für diese Verschmutzungen spezielle Behandlungsmittel in flüssiger oder pulverförmiger Form, als Schaum oder als Spray (z.B. Vereisungsspray gegen Kaugummiflecken) an. Der Erfolg der Fleckentfernung hängt stark von dem Zeitpunkt der Reinigung ab. Wird ein Fleck umgehend entfernt, kann mit wenig Chemie ein gründlicher Erfolg erzielt werden. Alte Flecken sind dagegen schwer zu entfernen. Um den Chemieeinsatz so gering wie möglich zu halten, ist die Fleckentfernung mit in die laufende Unterhaltsreinigung einzubeziehen. Zurückhaltung ist auch hier wieder bei **lösemittelhaltigen Produkten,** geboten.
Beim Gebrauch von Detachurmitteln muß in jedem Fall für ausreichende Raumbelüftung gesorgt werden. Das Einatmen von Dämpfen dieser Produkte in geschlossenen Räumen kann zu Gesundheitsstörungen (Schwindel, Sehstörungen, Herzrhythmusstörungen, Bewußtlosigkeit) führen. Spritzer in die Augen schädigen die Hornhaut.

Die **Zahl** der im Betrieb **eingesetzten Reinigungsmittel,** vor allem der Spezialmittel, sollte so gering wie möglich gehalten werden. Alle Spezialmittel sind teurer als normale Reinigungsmittel, viele enthalten deutlich gefährlichere Inhaltsstoffe und sind damit stärker umweltbelastend und gesundheitsgefährdend. Für den Arbeitsablauf bei der Reinigung ist jeder Wechsel des Behandlungsmittels unerwünscht. Die Reinigungsleitung muß ihre MitarbeiterInnen in die Handhabung jedes weiteren Produktes einweisen, was sehr zeitaufwendig ist. Außerdem besteht die Gefahr von Verwechslungen, wenn mehrere Reiniger zur Verfügung stehen. Gesundheitsschädigungen, schlechte Reinigungsleistung oder Werkstoffschädigungen können die Folge sein. Auch aus Kostengründen ist die Auswahl weniger Produkte vorzuziehen, da große Mengen günstiger im Einkauf sind.

> ▶ *Saure und alkalische Reiniger dürfen nicht gemeinsam eingesetzt werden, weil dabei das gesundheitsschädliche Chlorgas entsteht.*
> ▶ *Rohr- und Abflußreiniger sollten zugunsten von Saugglocke oder Spirale gemieden werden, da sie die aggressivsten Mittel sind, die es auf dem Markt gibt.*
> ▶ *Die Zahl der verwendeten Reinigungsmittel ist so gering wie möglich zu halten.*

❶ Nennen Sie Alternativen zum Gebrauch von speziellen Glas- und Fensterreinigern, Sanitärgrundreinigern, Rohr- oder Abflußreinigern.

❷ Durch welche Inhaltsstoffe wird die Reinigungswirkung und die Schädlichkeit eines sauren Sanitärreinigers bestimmt? Erläutern Sie.

5.3 Pflegemittel

Pflegemittel werden zur Behandlung von Fußböden aus Hartbelägen und für Inventar aus Holz (Möbel, Wandverkleidungen, Türen usw.) eingesetzt. Ihre **Aufgabe** ist es, die Werkstoffe zu schützen, ihre Strapazierfähigkeit und ihre Lebensdauer zu erhöhen und gleichzeitig eine gute Optik zu erzielen. Werden Pflegemittel auf Fußböden aufgetragen, so erwartet man ferner eine hohe Begehsicherheit durch den Pflegefilm.

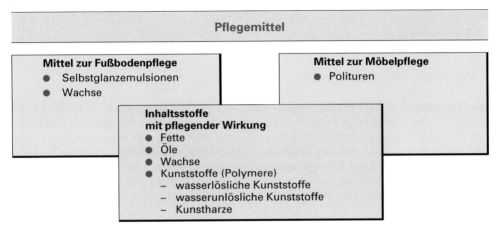

5.3.1 Selbstglanzemulsionen

Selbstglanzemulsionen werden zur **Beschichtung** des Fußbodens eingesetzt, um einen dauerhaften Pflegefilm zu erreichen. Sie trocknen im Gegensatz zu Wachsen selbstglänzend auf, können aber zusätzlich aufpoliert werden. Inhaltsstoffe sind neben Emulgatoren **Wachs- und Kunststoffkomponenten** in unterschiedlichen Mengen, nur selten Lösemittel.

Wird ein Mittel mit hohem Wachsanteil ausgewählt, so läßt es sich zwar leicht aufpolieren, hinterläßt aber einen wenig dauerhaften Schutzfilm. Ein großer Kunststoffgehalt erzeugt dagegen eine strapazierfähige Beschichtung, läßt sich aber weniger gut aufpolieren. Produkte, bei denen die Kunststoffe noch mit Metallionen vernetzt sind, ergeben einen besonders strapazierfähigen Bodenbelag.

Selbstglanzemulsionen mit hohem oder ausschließlichem Kunststoffanteil, besonders aber Produkte mit metallvernetzten Kunststoffen, lassen sich nur **schwer entfernen.** Bei der notwendigen Grundreinigung sind sehr aggressive Mittel notwendig. Sie müssen genau auf die Zusammensetzung des Beschichtungsmittels abgestimmt sein und sollten unbedingt vom gleichen Hersteller stammen. Wachshaltige Selbstglanzemulsionen sind leichter vom Boden abzulösen. Die Begehsicherheit ist bei hohem Wachsanteil nicht günstig (Unfallgefahr!).

Die genauen **Eigenschaften** des jeweiligen Produktes sind den Herstellerangaben zu entnehmen, so z.B. die Eignung für bestimmte Fußbodenbeläge, die Resistenz gegen eine Behandlung mit Desinfektions- oder Alkoholreinigern und dergleichen.

> ▶ *Selbstglanzemulsionen erzeugen einen dauerhaften Pflegefilm auf dem Fußboden und erhöhen seine Strapazierfähigkeit. Sie müssen mit aufwendigen und umweltbelastenden Grundreinigungen entfernt werden.*

5.3.2 Wachse

Wachse werden ebenfalls zur Pflege von Fußböden eingesetzt. Sie sind nicht selbstglänzend, sondern müssen in der Regel **aufpoliert** werden. Je nach Herkunft unterscheidet man natürliche, halbsynthetische und synthetische Wachse. Mit Wachs behandelte Böden weisen eine geringere Strapazierfähigkeit auf als solche, die mit Kunststoffen beschichtet sind. Die Begehsicherheit ist ebenfalls geringer.

Fußbodenwachse gibt es in flüssiger, pastenförmiger und fester Form. Nicht flüssige Produkte müssen mit Hilfe von Wärme verflüssigt werden. Das geschieht mit dem Heißwachsgerät, einem Zusatzgerät zur Einscheibenmaschine. Wachse werden verarbeitet als

- *Wachslösungen (lösemittelhaltig)*
- *Wachsemulsionen*

Wachslösungen enthalten als Pflegekomponenten Wachsanteile, die in einigen Produkten mit Kunststoffen gemischt vorkommen. Manche dieser Pflegemittel haben einen 70 bis 80%igen Lösemittelanteil. Nach dem Auftragen der Wachslösungen auf den Fußboden verdunstet das enthaltene Lösemittel, die Wachsanteile bleiben als Pflegefilm haften. Sobald die Wachsschicht abgetrocknet ist, kann sie aufpoliert werden. Während der Wachsbeschichtung ist für eine ausreichende Belüftung der Räume zu sorgen, um eine Geruchsbelästigung und Gesundheitsgefährdung des Personals auszuschließen.

Lösemittelhaltige Pflegemittel dürfen nur auf lösemittelbeständigen Belägen eingesetzt werden, wie z.B. auf versiegelten und unversiegelten Holzböden, Kork-, Linoleum- oder bestimmten Steinböden (Terrakottaböden), nicht dagegen auf PVC-Belägen. Alle lösemittelhaltigen Wachslösungen sind umweltbelastend.

Wachsemulsionen enthalten keine Lösemittel. Neben Wachsen bestehen sie aus Wasser und Tensiden, die als Emulgatoren wirken. Sie können auf allen wasserfesten Böden eingesetzt werden, sind weder gesundheitsschädlich noch umweltbelastend.

Alle wachshaltigen Pflegemittel müssen jedoch in regelmäßigen Abständen durch eine Grundreinigung entfernt werden.

> ▶ *Wachsbeschichtungen auf Fußböden sind nicht sehr strapazierfähig. Sie müssen immer aufpoliert werden.*
> ▶ *Manche Produkte sind lösemittelhaltig und daher gesundheitsgefährdend und umweltbelastend.*

5.3.3 Polituren

Polituren sind zur Behandlung **offenporiger Hölzer** an Türen, Möbeln, Wandverkleidungen o.ä. geeignet. Bei allen versiegelten Holzflächen ist eine solche Pflegemaßnahme überflüssig. Möbelpolituren beseitigen Verschmutzungen aller Art, überdecken Kratzer und erzeugen einen leichten Schutzfilm, so daß Staubpartikel nicht in das Holz eindringen können. Damit wird eine gewisse schmutzabweisende Wirkung erreicht.

Polituren enthalten Öle oder Wachse und Lösemittel in unterschiedlichen Mengen und werden in flüssiger Form oder als Spray angeboten. Tenside unterstützen in einigen Produkten den Reinigungseffekt. Lösemittelhaltige Polituren sind umweltbelastend.

> ▶ *Der Gebrauch von Polituren ist nur bei offenporigen Hölzern sinnvoll.*

● Vergleichen Sie Selbstglanzemulsionen und Wachse zur Fußbodenbeschichtung bezüglich ihrer Inhaltsstoffe und ihrer Umweltbelastung miteinander.

5.4   Kombinationsprodukte

Aus ökonomischen Gründen werden heute bei der Reinigung, wo immer es machbar ist, Kombinationsprodukte eingesetzt. Mit diesen Produkten sind zwei oder drei Wirkungen in einem Arbeitsschritt zu erreichen:

- *reinigen und pflegen*
- *reinigen und desinfizieren*
- *reinigen und pflegen und desinfizieren*

5.4.1   Wischpflegemittel

Diese Produkte lassen sich sowohl zum Wischen (Reinigen) als auch zum Pflegen verwenden. Je nach Rezeptur wird ein unterschiedlicher Wirkungsschwerpunkt gesetzt, d.h. entweder steht der Reinigungs- oder der Pflegeeffekt im Vordergrund. Wischpflegemittel können enthalten:

Seifenreiniger	wasserlösliche Polymere (Kunststoffe)	wasserunlösliche Polymere (Kunststoffe)	Wachsanteile

Die bereits beschriebenen **Seifenreiniger** und die **Schmierseife** können von ihrer Wirkung her als Kombinationsprodukt gewertet werden. Bei ihrer Anwendung bleibt ein seidenmatter Pflegefilm zurück, der sich nach entsprechender Trocknungszeit auf dem Fußboden leicht aufpolieren läßt. Beide Produkte geben dem Boden eine Schutzschicht.

Wischpflegemittel mit Polymeren haben heute einen großen Marktanteil. Polymere sind Kunststoffe (z.B. Polyacrylate, Polyurethane, Polyethylene, Polyvinylalkohole), die nach dem Verdunsten des Wischwassers einen mechanisch widerstandsfähigen, leicht glänzenden Schutzfilm zurücklassen. Sie können maschinell aufpoliert werden, wodurch sich die Polymere erwärmen, verdichten und anschließend erhärten. Die reinigende Wirkung übernehmen synthetische Tenside oder Seifen.

Wischpflegemittel mit wasserlöslichen Polymeren werden bei jedem neuen Reinigungsvorgang mit dem Wischwasser vom Boden abgelöst und direkt wieder als ein neuer Film aufgetragen. Dadurch baut sich auf dem Belag keine Pflegefilmkruste auf, eine Grundreinigung bleibt überflüssig. Die Reinigungsleistung ist gut, die Pflegeleistung – und damit der Schutz des Bodens gegen mechanische Einwirkungen – ist allerdings geringer als bei der Verwendung wasserunlöslicher Polymere (s.u.). Die so behandelten Flächen weisen eine gute Begehsicherheit auf. Wischpflegemittel mit wasserlöslichen Polymeren sind ökologisch unbedenklich. Ihre Umweltverträglichkeit wird noch durch die Tatsache verstärkt, daß sie eine Grundreinigung überflüssig machen. Sie sind pH-neutral und können somit auf allen wasserunempfindlichen Fußböden eingesetzt werden.

Wischpflegemittel mit wasserunlöslichen Polymeren (Wischglanz) haben eine relativ geringe Reinigungs-, aber eine sehr gute Pflegewirkung, so daß ein strapazierfähiger Belag entsteht. Da diese Polymere nach jedem Reinigungsvorgang wieder neu auf dem Boden aufgebaut werden, entsteht allmählich eine Verkrustung aus Polymeren und Schmutzpartikeln. Diese Schicht kann nur durch eine Grundreinigung beseitigt werden. Manche dieser Wischpflegemittel enthalten Lösemittel, so daß sie aus mehreren Gründen als stark umweltbelastend einzustufen sind.

Wischpflegemittel mit Wachsanteilen (Wischwachse) reinigen relativ schlecht, pflegen aber gut. Auch hier bauen sich allmählich Verkrustungen auf, die nur mit einer Grundreinigung zu entfernen sind. Da diese Produkte außerdem noch lösemittelhaltig sind, ist ihr Gebrauch aus Gründen der Umweltbelastung bedenklich.

▶ *Wischpflegemittel mit wasserlöslichen Polymeren bauen keine Verkrustungen auf. Sie sind umweltfreundlich.*
▶ *Wischpflegemittel mit wasserunlöslichen Polymeren bauen allmählich Verkrustungen auf und müssen regelmäßig durch kostenintensive Grundreinigungen entfernt werden. Sie sind umweltbelastend.*

● Vergleichen Sie die Reinigungswirkung, Pflegewirkung und Umweltbelastung verschiedener Wischpflegemittel miteinander.

5.4.2 Cleaner

Cleanerprodukte werden bei der maschinellen Bodenreinigung und -pflege eingesetzt (siehe Cleanerverfahren). Sie lassen sich manuell oder maschinell auf den Boden aufsprühen und lösen den Schmutz an, der anschließend von der Padscheibe aufgenommen wird. Reinigungsaktive Substanzen in den Produkten sind Tenside, die enthaltenen Pflegekomponenten meist Wachse oder z. T. Kunststoffe. Sie hinterlassen einen leichten Pflegefilm auf der Bodenfläche, der mit der Scheibenmaschine aufpoliert wird. Ein qualitativ hochwertiger Cleaner läßt sich leicht verarbeiten ohne zu schmieren, er verhindert ein „Stolpern" der Maschine, hat eine hohe Reinigungs- und Pflegeleistung und hinterläßt eine begehsichere Fläche.

Lösemittelcleaner lösen wasserunlösliche Partikel vom Boden ab, z.B. fetthaltige Verschmutzungen oder Absatzstriche. Sie dürfen nur dann eingesetzt werden, wenn der Boden lösemittelbeständig ist. Das gilt z.B. für Stein-, Holz- und Linoleumböden, nicht aber für PVC- und Gummibeläge.

Lösemittelhaltige Emulsionscleaner lösen aufgrund ihrer Zusammensetzung wasser-löslige und wasserunlösliche Verschmutzungen vom Boden. Sie enthalten Tenside, Lösemittel in unterschiedlichen Mengen und wiederum zur Pflege Wachse. Aufgrund ihrer Vielseitigkeit werden sie am häufigsten angewandt.

Alle lösemittelhaltigen Cleaner sind umweltbelastend. Da sich wasserunlösliche Ver-schmutzungen, wie z.B. Absatzstriche, aber nicht anders entfernen lassen, ist ein – möglichst sparsamer – Einsatz unvermeidbar.

Lösemittelfreie Emulsionscleaner können nur wasserlösliche Verschmutzungen ent-fernen, haben damit also nur ein geringes Reinigungsspektrum bei den Verschmut-zungsarten. Der Pflegeeffekt wird wiederum durch den Wachsanteil erreicht.

► *Cleanerprodukte werden zur maschinellen Bodenreinigung und -pflege eingesetzt.*
► *Wasserunlösliche Verschmutzungen lassen sich nur mit lösemittelhaltigen Produkten entfernen.*

5.4.3   Desinfizierende Reinigungsmittel

Desinfektionsmittel werden eingesetzt zur Wachstumshemmung und Abtötung von Mikroorganismen, **Desinfektionsreiniger** übernehmen dagegen gleichzeitig Reini-gung und Desinfektion. **Desinfektionswischpflegemittel** und -wischglanz – nur ein-gesetzt für Fußböden – dienen neben der Reinigung und Desinfektion noch der Pfle-ge. Als reinigungsaktive Substanzen sind in diesen Produkten Tenside enthalten, als desinfizierende Substanzen z.B. quarternäre Ammoniumverbindungen (Quats), Phenole, chlorabspaltende Stoffe, Aldehyde (auch das unter Krebsverdacht stehende Formaldehyd) oder Alkohole.

Desinfektions-mittel	Desinfektions-reiniger	Desinfektions-wischpflegemittel
● desinfiziert	● desinfiziert ● reinigt	● desinfiziert ● reinigt ● pflegt

Bei einer **Desinfektion** werden alle pathogenen (krankmachenden) Keime entfernt, im Wachstum gehemmt oder abgetötet. Bei einer – nicht mit der Desinfektion zu ver-wechselnden – **Serilisation** erreicht man dagegen eine völlige Keimfreiheit, indem alle lebenden Mikroorganismen und ihre Dauerformen (Sporen) abgetötet werden. Bei der Gebäudereinigung wird nur die Desinfektion angewendet, deren **Notwendig-keit** allerdings heute immer mehr in Frage gestellt wird. Bei der Anwendung desinfi-zierender Produkte bilden sich nämlich allmählich resistente (widerstandsfähige) Er-regerstämme heraus, welche die Gefahr des **Hospitalismus** mit sich bringen, d. h. ei-ner Übertragung spezieller Krankenhauskeime auf den Patienten mit der Gefahr ei-ner Sekundärinfektion (Zweitinfektion).

Die **Umweltbelastung** dieser Behandlungsmittel hängt von den jeweils enthaltenen Desinfektionswirkstoffen ab. Gelangen diese ins Abwasser, so stellen sie – abgese-hen von alkoholhaltigen Produkten – eine Bedrohung für die Wasserlebewesen dar.

In bestimmten Häusern, z.B. in Kinderheimen, Kindergärten, Tagungsstätten, Alters-heimen – und vor allem im Privathaushalt – ist nach heutigen Erkenntnissen eine

Desinfektion überflüssig, es sei denn, es liegen spezielle Infektionen vor. In Pflegeheimen/-stationen und in zahlreichen Abteilungen der Krankenhäuser kommt man dagegen nicht ohne desinfizierende Reinigungsmittel aus.

Der Umgang mit dieser Produktgruppe ist nicht ungefährlich, da die desinfizierenden Bestandteile Eiweißstoffe angreifen, das bedeutet, daß neben den eiweißhaltigen Mikroorganismen auch die Haut des Reinigungspersonals ein Angriffspunkt ist. Schwere **allergische Hautreaktionen** und **Dermatosen** (Hauterkrankungen) können die Folge sein. Zum Schutz müssen daher Handschuhe getragen werden. Diese sind am oberen Ende umzuschlagen, um ein Herunterlaufen der Reinigungsflüssigkeit auf den Unterarm zu vermeiden.

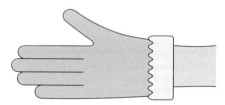

Abbildung 5.4   Arbeitshandschuh

Desinfizierende Mittel dürfen nur in kaltem Wasser angesetzt werden, da warmes Wasser zu einer schnellen Verdunstung der desinfizierenden Wirkstoffe führt. Desinfizierende Reinigungsmittel und Desinfektionsmittel haben ein unterschiedliches **Wirkungsspektrum,** das jeweils den Produktinformationen zu entnehmen ist. Nicht jedes Mittel wirkt gegen jeden Krankheitserreger.

Wirkungsspektrum desinfizierender Produkte	
● **bakteriostatisch**	– wirkt wachstumshemmend auf Bakterien
● **bakterizid**	– wirkt abtötend auf Bakterien
● **fungistatisch**	– wirkt wachstumshemmend auf Pilze
● **fungizid**	– wirkt abtötend auf Pilze
● **viruostatisch**	– wirkt wachstumshemmend auf Viren
● **viruzid**	– wirkt abtötend auf Viren
● **sporozid**	– wirkt abtötend auf Sporen (Sporen sind Dauerformen von Mikroorganismen)

Wo eine desinfizierende Reinigung vorgeschrieben ist (z.B. in bestimmten Bereichen des Krankenhauses), sind Produkte aus der **DGHM-Liste** auszuwählen, aufgestellt von der **D**eutschen **G**esellschaft für **H**ygiene und **M**ikrobiologie. Alle dort aufgeführten Mittel haben ein festgelegtes Prüfverfahren durchlaufen und sind damit von ihrer desinfizierenden Wirkung her anerkannt. Nicht berücksichtigt werden allerdings die Reinigungsleistung und die Werkstoffschonung/-schädigung. Die Hautverträglichkeit ist leider auch kein Prüfkriterium.

Auch wenn die Verwendung von Produkten der DGHM-Liste nicht vorgeschrieben ist, ist ihre Anwendung empfehlenswert, um eine Garantie für die Desinfektionsleistung zu haben.

Die DGHM-Liste ist nach den Erfordernissen der Praxis in 4 Gruppen eingeteilt:

1. *Händedesinfektion*
2. *Flächendesinfektion*

3. *Instrumentendesinfektion*
4. *Wäschedesinfektion*

Sie enthält den jeweiligen Produktnamen, die Herstellerangabe, den Wirkstoff und Angaben zur Einwirkzeit bezogen auf bestimmte Konzentrationen.

2. Flächendesinfektion

Name	Hersteller/Vertrieb	Wirkstoffbasis	Flächendesinfektion							
			in Krankenhaus und Praxis				von rohem Holz (kont. mit Pilzen)			
			Einwirkzeit				Einwirkzeit			
			15 min	30 min	1 h	4 h	15 min	30 min	1 h	4 h
Abacid®	Bode Chemie GmbH & Co. Postfach 54 07 09 22525 Hamburg	Aldehyde, quaternäre Verbindung			1%					
Acetal 2000	Laboratorium Dr. Deppe Hooghe Weg 35 47906 Kempen	Aldehyde, quaternäre Verbindung			0,5%	0,25%				
Acetal Kombi	Laboratorium Dr. Deppe Hooghe Weg 35 47906 Kempen	Aldehyde, quaternäre Verbindung			1%	0,5%				

Abbildung 5.5   Auszug aus der DGHM-Liste

Die in der DGHM-Liste aufgeführten Desinfektionsreiniger werden eingesetzt, um Krankheiten zu vermeiden. Ist in einem Haus eine behördlich angeordnete Desinfektion notwendig, dürfen diese vorbeugenden Mittel nicht eingesetzt werden. Dann wird die Anwendung eines **Desinfektionsmittels** aus der **BGA-Liste** (Bundesgesundheitsamt) erforderlich. Die dort aufgeführten Produkte sind nach dem Bundesseuchengesetz auf den Seuchenfall zugeschnitten und zeichnen sich durch höhere Dosierung, höhere Konzentration und längere Einwirkzeit aus. Sie sollten daher zur täglichen desinfizierenden Reinigung nicht eingesetzt werden.

Die Anwendung von Desinfektionsreinigern ist z.B. in einem Krankenhaus in einem **Desinfektionsplan** oder **Hygieneplan** festgelegt. Er gibt Auskunft darüber,

was, wann, wie, womit, woraus, von wem

zu reinigen ist.

Desinfektionsplan

Küche – Spülküche – Speiseraum

Was	Wann	Wie	Womit	Woraus	Wer
 Hände	vor Dienstbeginn und bei Bedarf	hygienisch Händedesinfektion Hände waschen	Softaman 3 ml 30 sec Manipur	Wandspender	Küchenpersonal
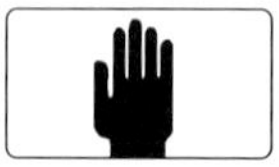 Hautpflege	bei Bedarf mehrmals täglich	einreiben	Silonda	Wandspender	Küchenpersonal
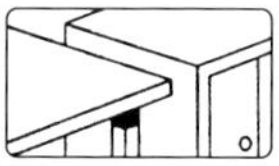	täglich und bei Bedarf	naß abwischen	Sirafan perfekt 1,0% 30 min	Kanister, Dosierpumpe	Küchenpersonal
Kunststoff-schneidebretter	nach Benutzung	spülen	Percilin	Spülmaschine	Küchenpersonal

Abbildung 5.6 **Desinfektionsplan** (Ausschnitt)
(Henkel Hygiene GmbH)

Aus **ökonomischen Gründen** hat sich heute der Einsatz von Desinfektionsreinigern durchgesetzt, da in nur einem Arbeitsgang gereinigt und desinfiziert wird. Wo zusätzlich bei Fußböden eine Materialpflege notwendig ist, kann man **Desinfektionswischpflegemittel** auswählen, sie vereinigen drei Leistungen in einem Arbeitsgang. Der Einsatz dieser Produkte schränkt auch das Risiko der Keimverschleppung durch Reinigungsgeräte ein.

▶ *Desinfektionsmittel werden zur Wachstumshemmung und Abtötung von Mikroorganismen eingesetzt, Desinfektionsreiniger desinfizieren und reinigen gleichzeitig.*
▶ *Beim Einsatz desinfizierend wirkender Produkte ist das jeweilige Wirkungsspektrum zu beachten.*
▶ *Desinfizierende Produkte mit geprüfter Desinfektionsleistung sind der DGHM-Liste zu entnehmen.*

❶ Erklären Sie das Risiko des Hospitalismus durch desinfizierend wirkende Produkte.

❷ Welche Bedeutung hat die DGHM-Liste für die Reinigung?

❸ Erkundigen Sie sich in Ihrem Betrieb nach einem Desinfektions-/Hygieneplan. Welche Angaben enthält er?

5.5 Dosiersysteme für Behandlungsmittel

Der Erfolg einer bestimmten Reinigungsmaßnahme wird entscheidend von der richtigen Anwendungskonzentration des ausgewählten Behandlungsmittels bestimmt. Im klinischen Bereich trifft das vor allem auf die Anwendung von Desinfektionsreinigern, Desinfektionswischpflegemitteln und vor allem auf Desinfektionsmittel zu.

Eine **Unterdosierung** aller desinfizierender Mittel kann eine starke Keimverschleppung und Keimvermehrung mit sich bringen, weil sich besonders widerstandsfähige (resistente) Erreger herausbilden können. Das bedeutet für den Betrieb ein hohes Infektionsrisiko und die Gefahr des Hospitalismus (s. Kapitel 5.4.3). Zu geringe Konzentrationen von Reinigungsmitteln sind aus Hygienegründen ebenfalls zu unterbinden. Eine unzureichende Dosierung bei Pflegemitteln kann die Werterhaltung der Werkstoffe in Frage stellen.

Eine **Überdosierung** aller Produkte verursacht möglicherweise beim Reinigungspersonal Hautreizungen, bringt Geruchsbelästigungen mit sich und ruft eventuell Werkstoffschädigungen hervor. Werden Fußbodenreiniger mit Pflegeanteilen (z.B. mit Wachsen) überdosiert, kommt es zur Glättebildung mit erhöhtem Unfallrisiko. Außerdem lassen überpflegte Böden Schrammen und Laufspuren schneller erkennen und sehen dann ungepflegt aus. Vor allem ist die unnötige Umweltbelastung nicht zu vertreten.

Untersuchungen in zahlreichen Betrieben haben immer wieder gezeigt, daß in den wenigsten Fällen die Anwendungskonzentrationen der Behandlungsmittel richtig gewählt waren. Meistens wurde überdosiert. Hier liegt eine besondere Verantwortung in der Hand der Hauswirtschafts- und Reinigungsleitung, für eine möglichst exakte Dosierung zu sorgen. Das Reinigungspersonal, also der Mensch, ist bei allen Dosierverfahren der größte Risikofaktor.

> ▶ *Richtige Dosierung trägt bei zur*
>
> - *Gesunderhaltung des Personals*   - *Kostenreduzierung*
> - *Sicherung des Hygienestandards*   - *Verringerung des Unfallrisikos*
> - *Umweltentlastung*   - *Werkstofferhaltung*

5.5.1 Personenunabhängige Dosierverfahren

Bei den personenunabhängigen Dosierverfahren wird dem Leitungswasser über fest installierte Dosieranlagen automatisch das gewählte Behandlungsmittel zugegeben. An der entsprechenden Zapfstelle ist dann die gebrauchsfertige Lösung in der vorgegebenen Konzentration zu entnehmen. Die Dosiergenauigkeit unterliegt nicht der Gewissenhaftigkeit des Reinigungspersonals, da die Beschickung und Einstellung der Dosieranlage nur durch die Reinigungs-/Objektleitung oder durch Fachkräfte der Reinigungsmittelhersteller erfolgt.

Im Betrieb sind diese Dosieranlagen **zentral** oder **dezentral** angebracht. Bei zentralen Anlagen gibt man das Behandlungsmittel zusammen mit Leitungswasser in ein spezielles Leitungsnetz, über das die Zapfstellen des Hauses versorgt werden. Dezentrale Anlagen versorgen eine einzelne Etage, die Zapfstelle befindet sich in direkter

Nähe der Anlage. Sie können nachträglich installiert werden, z.B. in jedem Etagenputzraum. Zentrale Anlagen lassen sich dagegen nur bei Neubauten einplanen. Ihre
Steuerung erfolgt z.T. direkt über einen Computer.

Abbildung 5.7   Dosieranlage

Vorteile
- einfache Handhabung, da fertige Gebrauchslösung
- Dosierung ist für jede Wassermenge passend
- geringe Fehlerquote, da das Auffüllen und Einstellen der Anlage nur durch Fachkräfte
  erfolgt
- Zeitersparnis für das Reinigungspersonal
- geringer Lagerraum für Behandlungsmittel, da nur Konzentrate/Hochkonzentrate verwendet werden

Nachteile
- hohe Installationskosten - vor allem bei zentralen Anlagen
- hohe Wartungskosten
- hohe Keimvermehrung bei zentralen Anlagen durch das lange Leitungssystem
- ungenaue Konzentration bei schwankendem Wasserdruck im Leitungsnetz
- Bereitstellung nur eines Behandlungsmittels, alle anderen müssen einzeln dosiert werden

5.5.2   Personenabhängige Dosierverfahren

Schußmethode
Aus Flaschen, Kannen oder Kanistern (meist 10-Liter-Kanister) wird ein „Schuß" Reinigungslösung in das Wischwasser gegeben. Diese Methode findet sehr häufig Anwendung.

Vorteile
- schnelle Ausführung
- Kosten für Dosierhilfsmittel entfallen

Nachteile
- völlig ungenaue Dosierung
- meist Überdosierung (durchschnittlich 40%), dadurch
- hohe Umweltbelastung
- hohe Verbrauchskosten
- hohe Rutschgefahr bei Fußbodenreinigern mit Wachsanteilen

Schraubkappen / Meßbecher

Die benötigte Reinigungsmittelmenge wird mit Hilfe der Schraubkappen von Flaschen oder Kanistern oder mit Hilfe spezieller Meßbecher abgemessen. Die richtige Dosiermenge ist dabei aus Tabellen auf den Kanistern oder aus separaten Dosiertabellen abzulesen. Sobald das Reinigungspersonal jedoch eine Umrechnung auf die verwendete Wassermenge vornehmen muß, gibt es Probleme mit der Dosiergenauigkeit.

Vorteile
- preiswert
- Dosierung ist auf jeweilige Wassermenge abzustimmen

Nachteile
- kraftaufwendiges Umfüllen und schlechte Handhabung, wenn schwere Kanister gehoben werden müssen
- Verschmutzen des Kanisters durch Reinigungsmittelreste in der Schraubkappe
- Risiko von Fehldosierungen
- Risiko einer Hautschädigung/Allergiegefahr für das Reinigungspersonal durch Kontakt mit dem Reiniger
- Risiko des Verschüttens (Unfallgefahr, Kosten, Arbeitsaufwand)
- Risiko des Verlustes oder der Zweckentfremdung bei Meßbechern
- Risiko der Keimverschleppung besonders bei Meßbechern durch unzulängliche Reinigung

Portionsbeutel / Portionstabletten

Die benötigte Reinigungsmittelmenge für einen Eimer oder eine Wanne ist in einzelnen Beuteln oder in Tabletten abgepackt und kann direkt von der Reinigungsleitung an das Personal in der benötigten Menge ausgegeben werden.

Vorteile
- genaue Dosierung, wenn die vorgeschriebene Wassermenge eingehalten wird
- geringe Verbrauchsmengen, da eine genaue Zuteilung pro Reinigungskraft und Fläche erfolgen kann
- keine Belastung durch Heben/Tragen schwerer Kanister
- kein Risiko der Verkeimung

Nachteile
- Dosierung ist nur auf eine festgelegte Wassermenge abzustimmen
- teuer in der Herstellung
- Risiko einer Hautschädigung/Allergie durch Hautkontakt beim Aufreißen der Beutel
- Aufreißen der Beutel oft schwierig
- Umweltbelastung durch Einmalverpackung
- lange Auflösezeiten bei Tabletten, Umrühren eventuell notwendig – sonst ungleiche Verteilung des Reinigungsmittels, dann aber Risiko der Verkeimung

Dosierpumpen

Dosierpumpen werden auf einen Reinigungsmittelkanister aufgeschraubt. Durch Drücken einer Pumpvorrichtung wird die benötigte Reinigungsmittelmenge hochgesaugt und in das Wasser abgegeben.

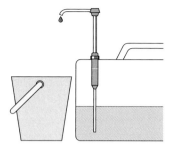

Abbildung 5.8   Dosierpumpe

Vorteile
- preiswert
- einfache Handhabung
- kein Risiko einer Hautschädigung
- wiederverwendbar

Nachteile
- richtige Dosierung erfolgt nur, wenn die Pumpe ganz durchgedrückt und hochgefahren wird
- Pumpe kann verstopfen, Fehldosierungen werden möglich
- durch Auf- und Abschrauben der Pumpe besteht Risiko der Verkeimung
- bleibt die Pumpe immer auf dem Reinigungsmittelbehälter, dringen ebenfalls Keime ein
- Nachtropfen der Reinigungsflüssigkeit führt zu Rutschgefahr auf dem Boden

Dosierflaschen

Die Dosierflaschen enthalten in ihrem Innern ein sogenanntes Zwei-Kammern-System. In der großen Hauptkammer befindet sich das Reinigungsmittel, in die kleine Dosierkammer wird ein Teil dieser Lösung durch Druck auf die Flasche oder durch ihr Umdrehen überführt. Diese Menge reicht aus für eine bestimmte Menge gebrauchsfertiger Lösung. Die kleinen Dosierkammern haben z.T. mehrere Markierungen für unterschiedliche Füllmengen, z.B. für 10ml, 25 ml oder 50 ml. Damit kann man sie unterschiedlichen Gebrauchsmengen anpassen. Die Dosierflaschen werden in der Regel aus speziellen Abfüllkanistern befüllt.

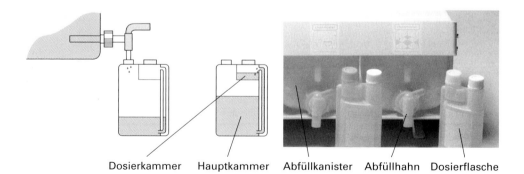

Dosierkammer   Hauptkammer   Abfüllkanister   Abfüllhahn   Dosierflasche

Abbildung 5.9   Dosierflasche und Abfüllkanister

Vorteile
- genaue Dosierung möglich, wenn die vorgesehene Wassermenge eingehalten wird
- keine Belastung durch Heben/Tragen schwerer Kanister
- kein Risiko einer Hautschädigung/Allergie
- keine Abfallmengen, da die Dosierflaschen fast immer wiederverwendet werden
- keine Lagerprobleme, wenn mit Hochkonzentrat gearbeitet wird

Nachteile
- Dosierung ist an vorgegebene Gebrauchsmengen gebunden
- Abfüllen oder Abzapfen aus großen Kanistern ist notwendig

(Zu Dosierflaschen siehe auch unter 5.5.3)

Das **ideale Dosiersystem** gibt es nicht. Um den Risikofaktor „Sorgfalt des Reinigungspersonals" so gering wie möglich zu halten, ist eine **ständige Kontrolle** unumgänglich. Das nachfolgend beschriebene Hochkonzentrat-Dosiersystem kommt der Forderung nach einer optimalen Dosierung durchaus nahe.

▶ *Die Schußmethode ist zur Dosierung in jedem Fall abzulehnen.*
▶ *Dosierflaschen schneiden in der Gesamtbeurteilung gut ab.*

❶ Welche Dosierverfahren werden in Ihrem Betrieb für verschiedene Behandlungsmittel eingesetzt? Erläutern und beurteilen Sie.

❷ Aus Sicht des Reinigungspersonals sind einige Dosierverfahren abzulehnen. Begründen Sie.

5.5.3 Beispiel für ein Hochkonzentrat-Dosiersystem

Bei der Auswahl eines Dosiersystems für Reinigungs- und Pflegemittel sind folgende Kriterien zu prüfen:

- *Transportvolumen*
- *Lagervolumen*
- *Abfallmengen bei der Entsorgung*
- *Anwendungssicherheit in der Durchführung*

Transport- und Lagervolumen können entscheidend gesenkt werden, wenn mit Reinigungsmitteln auf **Hochkonzentratbasis** gearbeitet wird. Um die Abfallmengen einzuschränken, sind beim Kauf Mehrwegflaschen/-kanister auszuwählen. Die Anwendungssicherheit, verbunden mit einer einfachen Handhabung, hängt von den erwähnten Dosiersystemen ab. Bei den am häufigsten eingesetzten personenabhängigen Verfahren schneiden die Dosierflaschen insgesamt recht gut ab.

Nachfolgend wird ein Beispiel für ein **Komplett-Dosiersystem** vorgestellt:

Systembeschreibung
Basis dieses Dosiersystems sind Hochkonzentrate (80 % Wirkstoffanteil) jeweils eines

- *Allzweckreinigers*
- *Sanitärreinigers*
- *Fußbodenwischpflegemittels*

Sie sind getrennt abgefüllt in 1-Liter-Flaschen, d.h. man hat eine **Einkaufsmenge** von **3 Litern**.

Diese **Hochkonzentrate** werden im Betrieb in Kanister gegeben und mit 9 Liter Wasser aufgefüllt (Mischungsverhältnis 1 : 9). Es ergeben sich je 10 Liter **Konzentrat** der drei Produkte, d.h. man hat eine **Lagermenge** von **30 Litern**.

Aus den Kanistern mit dem Konzentrat werden von jedem der drei Produkte 0,5 l (500 ml) Lösung in Dosierflaschen abgefüllt. Das Reinigungspersonal hat demnach auf dem Reinigungswagen eine **Transportmenge** von nur **3 x 0,5 Liter = 1,5 Liter** mitzuführen.

Von jedem der drei genannten Produkte ergibt eine Dosierkammer (25 ml) die ausreichende Reinigungsmittelmenge für die fertige **Gebrauchslösung**, jeweils abgestimmt auf einen 10-Liter-Eimer.

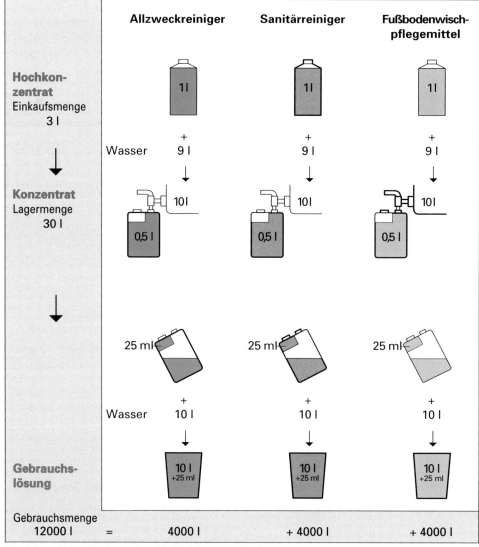

Abbildung 5.12 Dosiersystem für Reinigungsmittel
(nach Cleanmaster)

Aus dem einfachen **Sanitärreiniger** kann durch höhere Dosierung (2 Dosierkammern = 50 ml) ein Sanitärsprühreiniger stärkerer Konzentration hergestellt werden. Wird ein **Glasreiniger** benötigt, so ist dieser aus dem Allzweckreiniger (nur 10 ml aus der Dosierkammer) anzumischen, beide Lösungen befinden sich in Sprühflaschen.

Handhabung

Das Reinigungspersonal bekommt je eine Dosierflasche Allzweckreiniger, Sanitärreiniger und Fußbodenwischpflegemittel für den Reinigungswagen, bei Bedarf auch Sprühflaschen mit Glasreiniger und Sanitärsprühreiniger. Die drei Lösungen sind farblich gekennzeichnet, die Flaschen enthalten in gleicher Farbe ein entsprechendes Piktogramm; damit ist eine Verwechslung der Behandlungsmittel weitgehend ausgeschlossen. Die Anwendungssicherheit dieses Dosiersystems ist sehr hoch, weil mit nur drei Produkten und immer mit gleicher Konzentration gearbeitet wird.

Wenn die Dosierflaschen nur von der Objektleitung nachgefüllt werden, besteht ein guter Überblick über die Verbrauchsmengen. Eine Dosierflasche reicht aus für 20 Eimerfüllungen zu je 10 Litern. Hat eine Reinigungskraft z.B. pro Tag eine Fläche zu reinigen für die sie vier Eimer Reinigungslösung braucht, so muß sie mit einer Dosierflasche von 500 ml Inhalt 5 Arbeitstage auskommen. Bringt eine Mitarbeiterin bereits nach drei oder vier Tagen ihre Flasche zum Nachfüllen zurück, so kann die Objektleitung gezielt dem überhöhten Verbrauch nachgehen. Verwendet man 10-Liter-Kanister, die im Etagenputzraum zum selbständigen Abfüllen lagern, sind Verbrauchsmengen dagegen nur schwer zu kontrollieren.

Merkmale des Hochkonzentrat-Dosiersystems

► *Minimales Transportvolumen beim Einkauf*
► *Geringes Lagervolumen*
► *Kein Abfall, da alle Behälter wiederverwendet werden*
► *Kosteneinsparung durch geringere Verbrauchsmengen und Abfallgebühren*
► *Große Anwendungssicherheit durch*
  - *eindeutige Farbkennzeichnung der Reinigungslösung*
  - *eindeutige optische Kennzeichnung der Dosierflaschen mit Hilfe von Piktogrammen*
  - *Einsatz von nur drei Produkten*
  - *gleiche Dosiermenge bei allen Produkten*
  - *einfache Verbrauchsmengenkontrolle*

5.6 Empfehlungen zur Auswahl von Behandlungsmitteln

Werkstoffeignung

- Ausgangsüberlegung bei der Wahl eines Behandlungsmittels ist die Werkstoffeignung. Hier spielt der pH-Wert der fertigen Gebrauchslösung eine entscheidende Rolle.
- Alle pH-neutralen Allzweck- oder Alkoholreiniger sind für jeden Werkstoff geeignet.
- Glänzende Flächen lassen sich gut mit Alkoholreinigern behandeln, da diese streifenfrei auftrocknen.
- Stark alkalische Reiniger schädigen Lackflächen, Linoleum- oder Gummiböden und eloxierte Aluminiumteile.
- Saure Reiniger dürfen nicht für polierte Kalksteine angewandt werden, diese verlieren sonst ihren Glanz.
- Ameisen- und essigsäurehaltige Sanitärreiniger schädigen die eloxierten Armaturen, phosphorsäurehaltige die dauerelastische Fugenmasse.
- Salzsäurehaltige Reiniger sind aggressiv gegenüber allen Werkstoffen und daher unbedingt zu meiden.
- Scheuermittel dürfen nur für unempfindliche, kratzfeste Oberflächen ausgewählt werden.

- Manche Reinigungs- und Pflegemittel sind lösemittelhaltig, sie eignen sich nur für lösemittelbeständige Flächen.
- Für den Reinigungsablauf ist es rationeller, ein Produkt auszuwählen, das zur Reinigung möglichst vieler Werkstoffe geeignet ist. Für die Unterhaltsreinigung kommt man in der Regel mit zwei bis drei Produkten aus.

Verschmutzungsart

- Je höher der Grad der Verschmutzung ist und je stärker eingekrustet die entsprechenden Rückstände sind, desto aggressiver muß der ausgewählte Reiniger sein.
- Da im Betrieb viele Objektteile täglich gereinigt werden, kann man auf aggressive Spezialmittel verzichten.
- Kalkhaltige Rückstände aus dem Sanitärbereich lassen sich nur mit sauren Reinigern entfernen.
- Eiweiß- und fetthaltige Verschmutzungen aus dem Küchenbereich erfordern alkalische Reiniger.
- Alle Verschmutzungen, die dem Öl verwandt sind (z.B. Teer-, Wachs-, Lack-, Farbreste) lassen sich nur mit lösemittelhaltigen Produkten entfernen.
- Muß ein Bodenbelag von alten Pflegemittel- oder Beschichtungsrückständen befreit werden, so ist der ausgewählte Grundreiniger auf das vorher aufgetragene Produkt abzustimmen.

Handhabung

- Das ausgewählte Behandlungsmittel sollte sich so um- und abfüllen oder abzapfen lassen, daß vom Reinigungspersonal keine schweren Kanister gehoben oder getragen werden müssen.
- Alle Produkte müssen sich eindeutig und einfach dosieren lassen.
- Ein schnelles und vollständiges Auflösen des Behandlungsmittels in Wasser ist erwünscht. Manche festen oder cremigen Produkte (z.B. manche Schmierseifen) lösen sich schwer auf, was zu einer ungleichen Verteilung des Reinigers in der Flotte führen kann.
- Das Reinigungsmittel muß sich für das vorgesehene Verfahren eignen. Ein maschinelles Verfahren erfordert häufig ein anderes Produkt als ein manuelles.

Umwelt- und Gesundheitsverträglichkeit

- pH-neutrale Produkte weisen eine bessere Umwelt- und Gesundheitsverträglichkeit auf als stark saure oder stark alkalische. Sie sind daher zu bevorzugen.
- Reinigungsmittel sind möglichst als Konzentrate oder Hochkonzentrate in Mehrwegsystemen auszuwählen, damit kein Verpackungsmüll anfällt.
- Verpackungen, die unvermeidbar sind, sollten einem Recyclingverfahren zugeführt werden können.
- Vor der Entscheidung für einen Reiniger oder ein Pflegemittel sind eventuelle umweltbelastende Folgebehandlungen zu bedenken. Das gilt vor allem für die Wahl von Beschichtungs- und bestimmten Wischpflegemitteln.
- Die exakte Dosierbarkeit eines Produktes trägt zur Entlastung der Umwelt bei.
- Ferner sollten alle Produkte gemieden werden, die umwelt- und gesundheitsschädliche Inhaltsstoffe enthalten, z. B. FCKW (Fluorchlorkohlenwasserstoffe), CKW (chlorierte Kohlenwasserstoffe), Formaldehyd, Salz- oder Salpetersäure, Natriumhypochlorit, Natriumperborat oder die Lösemittel Benzol, Toluol und Xylol.

Kosten

- Ein exakter Kostenvergleich verschiedener Behandlungsmittel erfordert als Berechnungsgrundlage die gebrauchsfertige Lösung, da das Mischungsverhältnis bei der Verwendung von Konzentraten und Hochkonzentraten je nach Hersteller verschieden ist.
- Alle Produkte, die noch in Einwegverpackungen angeboten werden, verursachen entsprechende Entsorgungskosten.
- Je nach Produktauswahl können Kosten für notwendige Folgebehandlungen entstehen, z.B. Kosten für Grundreinigungen zur Entfernung von Beschichtungsmitteln.
- Um Personalkosten einzusparen, ist der Einsatz von Kombinationsprodukten zu prüfen, die in einem Arbeitsgang reinigen, pflegen und bei Bedarf desinfizieren.

> ► *Ein Reinigungsmittel muß auf den Werkstoff, die Verschmutzungsart und den Verschmutzungsgrad abgestimmt sein. Es ist auf seine gute Handhabung hin zu prüfen.*
> ► *Die Umwelt- und Gesundheitsverträglichkeit von Behandlungsmitteln ist von den enthaltenen Inhaltsstoffen abhängig. Bestimmte schädliche Inhaltsstoffe sind zu meiden.*

5.7 Rechtliche Grundlagen für den Umgang mit Behandlungsmitteln

5.7.1 Gefahrstoffverordnung

Der **Zweck der Gefahrstoffverordnung** ist der Schutz des Menschen vor arbeitsbedingten Gesundheitsgefahren und der Schutz der Umwelt vor Schädigungen. Dazu regelt diese Verordnung das **Inverkehrbringen** und den **Umgang** mit gefährlichen Stoffen und Zubereitungen, einschließlich der Aufbewahrung, Lagerung und Vernichtung (§ 1 GefStoffV). Unter **Stoffen** versteht man nach dem Chemikaliengesetz chemische Elemente oder Verbindungen, die nicht weiterverarbeitet sind, z.B. Salzsäure, Natronlauge. Eine **Zubereitung** ist dagegen ein Gemisch, ein Gemenge oder eine Lösung von verschiedenen Stoffen, z.B. ein Reinigungs- und Pflegemittel.

Zum Inverkehrbringen von gefährlichen Stoffen und Zubereitungen gehört die sachgemäße **Verpackung** dieser Produkte (§ 3 Abs.1,3 GefStoffV). Sie muß so beschaffen sein, daß ungewollt kein Inhalt nach außen gelangen kann. Außerdem dürfen diese Produkte nicht in solche Behälter verpackt oder später abgefüllt werden, durch deren Form oder Bezeichnung der Inhalt mit Lebensmitteln verwechselt werden kann. Sie müssen mit **Gefahrensymbol** und **Gefahrenbezeichnung** gekennzeichnet sein.

Bei Behandlungsmitteln zur Gebäudeinnenreinigung sind in erster Linie die nachfolgenden Symbole und Bezeichnungen anzutreffen:

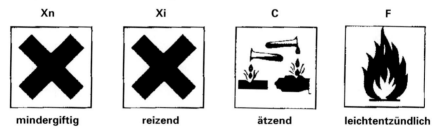

Xn	Xi	C	F
mindergiftig	reizend	ätzend	leichtentzündlich

Abbildung 5.13 Gefahrensymbole und Gefahrenbezeichnungen (Auswahl)
(Piktogramme stehen normalerweise auf orangerotem Grund)

> ► *Zweck der Gefahrstoffverordnung ist Schutz des Menschen vor arbeitsbedingten Gesundheitsgefahren und Schutz der Umwelt vor Schädigungen.*

5.7.2 Pflichten des Arbeitgebers im Umgang mit Gefahrstoffen

Weiterhin wird in der Gefahrstoffverordnung der Umgang mit gefährlichen Stoffen und Zubereitungen geregelt. Dem Arbeitgeber werden hiernach zahlreiche Pflichten auferlegt, für deren Einhalten er verantwortlich ist. Im Bereich der Reinigung werden diese auf die Reinigungsleitung übertragen.

Nach der **Ermittlungspflicht** (§ 16 GefStoffV) hat der Arbeitgeber zu prüfen, ob es sich bei dem von ihm ausgewählten Reinigungs- oder Pflegemittel um einen Gefahrstoff handelt. Der Hersteller muß Auskunft über die im Produkt enthaltenen Gefahrstoffe, die davon ausgehenden Gefahren und die notfalls zu ergreifenden Maßnahmen erteilen. Die Reinigungsleitung kann dazu vom Hersteller eine Aufstellung der **„Inhaltsstoffe von Reinigungs- und Pflegemitteln für Großverbraucher"** (s. Abbildung 5.14) und ein **„Sicherheitsdatenblatt"** anfordern (s. Abbildung 5.15). Während die genannte Aufstellung alle Inhaltsstoffe in einem Reinigungs- und Pflegemittel mit ihrer jeweiligen Konzentration angibt, stellt das Sicherheitsdatenblatt Gefahren, Sicherheitsratschläge, Angaben zur Toxikologie, zur Ökologie usw. zusammen.

Inhaltsstoffe von Reinigungs- und Pflegemitteln für die Gebäudereinigung

Produktname: _____
Hersteller: _____
Anwendungsbereich: _____
Verpackungsmaterial der Verkaufsverpackung: _____
Mehrwegverpackung: ja ○   nein ○
Vom Hersteller empfohlene Anwendungskonzentration: _____
Gefahrstoff: ja ○   nein ○

Dieses Formblatt ist zusammen mit dem jeweiligen EG-Sicherheitsdatenblatt und dem Technischen Informationsblatt des Herstellers auszuwerten!

Stoffgruppe	Inhaltsstoffe		Anteil in % (bitte ankreuzen)				
			< 1	1-5	5-15	15-30	>30
Tenside	anionische	Seifen					
		LAS/ABS					
		sonstige					
	kationische						
	nichtionische, davon	APEO					
		sonstige					
	amphotere						
Lösemittel	wassermischbare, davon	Alkohol					
		Aceton					
		Methylglykolether (2-Methoxymethanol)					
		Ethylglykolether (2-Methoxyethanol)					
		Butylglykol					
		sonstige					
	nicht wassermischbare, davon	aliphatische, davon n-Hexan					
		sonstige					
		aromatische, davon Xylol					
		Toluol					
		sonstige					
		halogenierte					
		Terpene					
Gerüst-stoffe	Phosphat						
	Phosphonate						

Abbildung 5.14 Inhaltsstoffe von Reinigungs- und Pflegemitteln für Großverbraucher (Auszug) aus :„Umweltbewußter Einkauf von Reinigungs- und Pflegemitteln für Großverbraucher", FIGR Forschungs- und Prüfinstitut für Gebäudereinigungstechnik, Dettingen)

Sicherheitsdatenblatt für gefährliche Zubereitungen
gemäß der Richtlinie 91/155/EWG

1 Stoff-/Zubereitungs- und Firmenbezeichnung
Handelsname: AB Sanitärreiniger Hochkonzentrat
Lieferant: AB Reinigungsmittel GmbH, 46119 Obern, Zollstr. 1, Tel.: 0 12 34/56 78
Notfallauskunft: Klaus Berger, Tel.: 0 12 34/56 80

2 Zusammensetzung/Angaben zu Bestandteilen
Anionische Tenside: 15 – 30 %
Nichtionische Tenside: 15 – 30 %
Konservierungsmittel: 1 %
Milchsäure: 5 – 15 %
Zitronensäure: 15 – 30 %

3 Mögliche Gefahren
Besondere Gefahren für Mensch und Umwelt: * Reizt Augen und Haut
                                            * Entzündlich
                                            * Wassergefährdungsklasse 2

4 Erste-Hilfe-Maßnahmen
Allgemeine Hinweise: Verletzte an die Luft bringen.
Nach Einatmen: Für Frischluftzufuhr sorgen.
Nach Hautkontakt: Benetzte Kleidungsstücke entfernen. Betroffene Körperteile mit viel Wasser abwaschen.
Nach Augenkontakt: Sofort ausgiebig mit Wasser spülen (evtl. Kontaktlinsen entfernen), Augenarzt rufen.
Nach Verschlucken: Mund spülen, 3 – 4 Gläser Wasser trinken, kein Erbrechen hervorrufen, Verletzte sofort zum Notarzt bringen.

5 Maßnahmen zur Brandbekämpfung
Geeignetes Löschmittel: Löschpulver, Wassersprühstrahl, CO_2, Schaum.
Ungeeignetes Löschmittel: keine bekannt.
Gefährdung durch Verbrennungsprodukte: mögliche Bildung von CO und CO_2.
Schutzausrüstung bei der Brandbekämpfung: Atemschutzgerät tragen, Behälter mit Sprühwasser kühlen.

6 Maßnahmen bei unbeabsichtigter Freisetzung
Personenbezogene Vorsichtsmaßnahmen: Ausrutschengefahr, verschüttetes Produkt gleich aufnehmen.
Umweltschutzmaßnahme: Gefährdeten Bereich absperren. Eindringen von verschüttetem Material in Gewässer und Kanalisation vermeiden.
Reinigung/Aufnahme: mit Universalbinder aufnehmen und in separaten Behältern sammeln.
Reste gemäß Abfallgesetz entsorgen.

(...)

8 Expositionsausrüstung und persönliche Schutzausrüstungen
(...)
Allgemeine Schutz- und Hygienemaßnahmen:
* Kontakt mit Augen, Haut und Kleidung vermeiden
* Rauchen und Aufbewahrung von Nahrungsmitteln am Arbeitsplatz verboten
* Vor den Pausen und nach Arbeitsende Hände waschen
* Mit Produkt beschmutzte Kleidung entfernen und reinigen lassen
* Produktdämpfe nicht einatmen
* Undurchlässige Schutzhandschuhe tragen
* Dichtschließende Schutzbrille oder Gesichtsschutz tragen
* Leichte Schutzkleidung tragen
* Augenspülvorrichtung bereithalten

9 Physikalische und chemische Eigenschaften

Form: Flüssigkeit   Dichte: 1,02 g/cm³
Farbe: rot   Löslichkeit: mischbar
Geruch: parfümiert   pH-Wert Hochkonzentrat: ca. 2
Siedebeginn: ca. 85°C   pH-Wert Konzentrat (1 l/9 l Wasser): ca. 2
Flammpunkt: 38°C   pH-Wert Gebrauchslösung (25 ml/10 l Wasser): ca. 6,9
Viskositä: niedrigviskos   Weitere Angaben: keine

(...)

11 Angaben zur Toxikologie
Das Produkt ist reizend für Augen und Haut.
Spezifische Symptome bei Tierversuchen: keine bekannt
Primäre Reizwirkung: keine bekannt
Sensibilisierend: nicht sensibilisierend
Mutagenität: nicht zutreffend
Fruchtschädigung: nicht zutreffend
Kanzerogenität: nicht zutreffend
Subakute bis chronische Toxizität: keine bekannt
Erfahrungen am Menschen: Wiederholter und lang andauernder Hautkontakt kann Reizungen verursachen.

(...)

15 Vorschriften
Kennbuchstaben und Gefahrenbezeichnungen:
Xi = reizend, R-Sätze: R36/38 = reizt Augen und Haut, R10 = entzündlich;
S-Sätze: Bei Berührung mit den Augen gründlich mit Wasser abspülen und Arzt konsultieren.
Weitere Hinweise: Bei Herstellung von Konzentrat aus Hochkonzentrat geeignete Schutzhandschuhe und Schutzbrille oder Gesichtsschutz tragen.

16 Sonstige Angaben
(...)
Die Verbraucher/Verwender sind selbst verantwortlich für die Einhaltung der genannten Maßnahmen und Sicherheitsratschläge, die zur Einsicht zugänglich zu machen sind. Insbesondere ist Sorge zu tragen, daß das Personal auf die möglichen Gefahren hingewiesen wird.

Abbildung 5.15 Sicherheitsdatenblatt eines Sanitärreinigers (Hochkonzentrat) (Auszug)

Weiterhin muß der Arbeitgeber im Rahmen seiner Ermittlungspflicht prüfen, ob es andere Stoffe oder Zubereitungen mit einem geringeren gesundheitlichen Risiko gibt (Ersatzstoffprüfung, § 16 Abs. 2 GefStoffV).

Nach der **Schutzpflicht** (§ 17 GefStoffV) muß der Arbeitgeber alle Maßnahmen treffen, die zum Schutz des menschlichen Lebens, der menschlichen Gesundheit und der Umwelt beim Umgang mit Gefahrstoffen erforderlich sind, d.h. die Hinweise des Herstellers auf besondere **Gefahren** und entsprechende Sicherheitsratschläge im Sicherheitsdatenblatt sind zu beachten. Diese Gefahren sind in der Gefahrstoffverordnung in den **R-Sätzen** und die **Sicherheitsratschläge** in den **S-Sätzen** festgelegt.

Sicherheitsratschläge: S-Sätze	Besondere Gefahren: R-Sätze

S 2	Darf nicht in die Hände von Kindern kommen
S 7	Behälter dicht geschlossen halten
S 16	Von Zündquellen fernhalten – Nicht rauchen
S 23	Gas/Rauch/Dampf/Aerosol nicht einatmen
S 26	Bei Berührung mit den Augen gründlich mit Wasser abspülen und Arzt konsultieren
S 28	Bei Berührung mit der Haut sofort abwaschen mit viel ...
S 39	Schutzbrille/Gesichtsschutz tragen

R 10	Entzündlich
R 34	Verursacht Verätzungen
R 36	Reizt die Augen
R 37	Reizt die Atmungsorgane
R 38	Reizt die Haut

Kombination der R-Sätze und S-Sätze

R 36/37	Reizt die Augen und die Atmungsorgane
R 36/38	Reizt die Augen und die Haut
S 24/25	Berührung mit den Augen und der Haut vermeiden

Abbildung 5.16 Auszug aus der Gefahrstoffverordnung: R- und S-Sätze (Gefahren und Sicherheitssätze)

Weiterhin müssen für den Umgang mit Gefahrstoffen die erforderlichen **Arbeitsschutzausrüstungen** bereitgestellt und diese in gebrauchsfähigem und hygienisch einwandfreiem Zustand gehalten werden (z.B. Schutzhandschuhe, Schutzbrillen) (s. Abbildung 5.17). Für Jugendliche, werdende und stillende Mütter bestehen beim Umgang mit Gefahrstoffen Beschäftigungsbeschränkungen. Auch hier ist der Arbeitgeber für die Einhaltung dieser Bestimmungen verantwortlich.

Schutzhandschuhe   Schutzbrille

Abbildung 5.17 Schutzausrüstung

Nach der **Überwachungspflicht** (§ 18 GefStoffV) ist der Arbeitgeber verpflichtet, die MAK-Werte (**m**aximale **A**rbeitsplatz**k**onzentration) gefährlicher Stoffe in der Luft am Arbeitsplatz zu ermitteln. Sie spielen allerdings in der Gebäudeinnenreinigung nur eine untergeordnete Rolle.

Setzt ein Betrieb Reinigungs- und Pflegemittel mit Gefahrstoffen ein, so sind nach § 20 GefStoffV **Betriebsanweisungen** zu erstellen, in denen die möglichen Gefahren für Mensch und Umwelt sowie die erforderlichen Schutzmaßnahmen und Verhaltensregeln festgelegt werden; außerdem ist auf die sachgerechte Entsorgung gefährlicher Abfälle hinzuweisen. Die Anweisungen müssen in verständlicher Sprache (ggf. fremdsprachlich) formuliert sein und an geeigneter Stelle in der Arbeitsstätte bekanntgemacht werden. Es ist sinnvoll, nicht nur für die Gefahren, sondern auch für Schutzmaßnahmen Symbole zu verwenden (siehe Abbildung 5.17).

Eine Unterweisung des Reinigungspersonals ist nach der Gefahrstoffverordnung vor Beginn der Beschäftigung und danach mindestens einmal jährlich mündlich und arbeitsplatzbezogen durchzuführen. Dabei sind alle Gefahren und Schutzmaßnahmen im Umgang mit den verwendeten Behandlungsmitteln darzulegen. Inhalt und Zeitpunkt der Unterweisung muß die Reinigungsleitung schriftlich festhalten und sich von den Unterwiesenen bestätigen lassen. Es ist sinnvoll, hierfür ein spezielles Unterweisungsbuch zu führen. Die Abbildung 5.18 zeigt eine Betriebsanweisung für die Verwendung eines Desinfektionsreinigers.

Städtisches Altenzentrum Haus Westfalen	
Betriebsanweisung nach § 20 Gefahrstoffverordnung	
Gefahrstoffbezeichnung	**Desinfektionsreiniger XYZ** Lösung von nichtionischen und anionischen Tensiden, Lösungsvermittlern, Komplexbildnern, tertiären Alkylaminen und organischen Säuren in Wasser
Arbeitsbereich	Pflegestation, Sanitärbereich
Tätigkeit	Reinigung von Sanitärobjekten, Wandflächen und Fußböden
Gefahr für Mensch und Umwelt	R 36/38 Reizt die Augen und die Haut
Schutzmaßnahmen und Verhaltensregeln	S 02 Darf nicht in die Hände von Kindern gelangen S 23 Aerosol nicht einatmen S 26 Bei Berührung mit den Augen gründlich mit Wasser abspülen und Arzt konsultieren S 28 Bei Berührung mit der Haut sofort abwaschen mit viel Wasser S 39 Schutzbrille/Gesichtsschutz tragen
Verhalten im Gefahrfall	Feuerwehr: .... 112 Notruf: .... 110 Erste Hilfe – Hausruf 1234
Erste Hilfe	**Hautkontakt:** Mit viel Wasser und Seife abwaschen **Augenkontakt:** Mit viel Wasser spülen und sofort Arzt konsultieren **Verschlucken:** Sofort viel Wasser trinken und Arzt konsultieren, **kein** Erbrechen herbeiführen
Sachgerechte Entsorgung	Kleine Mengen mit viel Wasser wegspülen Große Mengen entsprechend Bundesgesetzgebung entsorgen
Firma ABC GmbH & Co., 12345 Musterstadt	Datum: _____

Abbildung 5.18 Betriebsanweisung für einen Desinfektionsreiniger

 Der Arbeitgeber hat auch für die sachgemäße Aufbewahrung und Lagerung von Gefahrstoffen zu sorgen (§ 24 GefStoffV). Danach müssen Gefahrstoffe so aufbewahrt oder gelagert werden, daß sie die menschliche Gesundheit und Umwelt nicht gefährden. Eine Verwechslung mit Lebensmitteln ist ebenso auszuschließen wie der unmittelbare Zugriff durch betriebsfremde Personen.

Neben der Gefahrstoffverordnung sind noch weitere Gesetze, Verordnungen, Richtlinien u.a. im Zusammenhang mit der Reinigung von Bedeutung. Viele dieser rechtlichen Grundlagen beziehen sich auf die **Reinhaltung der Gewässer.**

Alle Stoffe, von denen eine Wassergefährdung ausgeht, sind in 4 verschiedene Wassergefährdungsklassen (WGK) eingestuft:

Wassergefährdungsklassen (WGK)

WGK 3	**WGK 2**	**WGK 1**	**WGK 0**
stark wassergefährdende Stoffe	wassergefährdende Stoffe	schwach wassergefährdende Stoffe	im allgemeinen nicht wassergefährdende Stoffe

Des weiteren regeln Satzungen der Kommunen **Anforderungen an die Abwasserbeseitigung.** Sie legen Stoffe fest, die von der Einleitung in die öffentlichen Abwasseranlagen ausgeschlossen sind, schreiben Höchsttemperaturen für Abwasser vor, geben den zulässigen pH-Wert von Stoffen an usw.. Die Werte können sich an Vorgaben (Mindestanforderungen) von Bund oder Ländern orientieren oder darüberhinausgehen. In diesen Satzungen ist u.a. festgelegt, daß das Einleiten von Schmutzflotten in die Regenwasserkanalisation – sofern getrennte Systeme für Regen- und Schmutzwasser vorhanden – verboten ist. Die Schmutzflotte gehört demnach nicht in den Straßengulli, sondern in das Ausgußbecken.

> ▶ *Der Arbeitgeber hat beim Umgang mit Gefahrstoffen Ermittlungs-, Schutz- und Überwachungspflichten. Er muß notwendige Schutzausrüstungen zum Umgang mit Gefahrstoffen bereitstellen.*
> ▶ *Sicherheitsdatenblätter geben Auskunft über Gefahrstoffe in Behandlungsmitteln und über den Umgang mit diesen Produkten.*
> ▶ *Im Betrieb müssen Betriebsanweisungen zum Umgang mit Gefahrstoffen bekanntgemacht werden.*
> ▶ *Die Mitarbeiter sind im Umgang mit Gefahrstoffen zu unterweisen.*
> ▶ *Der Arbeitgeber ist für die sachgemäße Aufbewahrung und Lagerung von Gefahrstoffen verantwortlich.*

❶ Das Sicherheitsdatenblatt gibt wichtige Auskünfte über ein Reinigungs- und Pflegemittel. Welche Angaben sind für den direkten Umgang mit einem Reinigungsmittel von Bedeutung?

❷ Erklären Sie die Bedeutung der R- und S-Sätze aus der GefStoffV.

6   Ausgewählte Werkstoffe
    aus Sicht der Reinigung

6.1   Fußbodenbeläge

Der Reinigungsaufwand eines Belages wird bestimmt durch seine

- *Farbe und Musterung*
- *Oberflächenstruktur*

Einfarbige Beläge, sowohl helle als auch dunkle, lassen Schmutz ebenso schnell erkennen wie hochglänzende. **Bedeckte Farben** – egal aus welchem Material – sind aus Sicht der Reinigung vorzuziehen. Melierte und in sich **gemusterte Flächen** haben eine gewisse „Schmutztarnung", das gilt sowohl für alle Hartbeläge als auch für Teppichböden.

Bei **Hartbelägen** bestimmt außerdem die Oberflächenstruktur den Reinigungsaufwand. **Homogene Böden** (glatt, geschlossen) haben eine gute Reinigungsstruktur, z.B. PVC-, Gummi- oder versiegelte Holzböden. Flächen ohne Vertiefungen lassen den Schmutz aufliegen, er kann mit wenig Aufwand naß oder trocken entfernt werden. Eine eventuell aufgetragene Schutzschicht bleibt auf homogenen Flächen länger und gleichmäßiger haften und erhält auch langfristig eine gute Reinigungsstruktur.

Poröse Böden (rauh, offenporig) weisen dagegen eine schlechte Reinigungsstruktur auf, z.B. Klinker-, bestimmte Naturstein- oder unversiegelte Holzböden. Schmutz dringt in die Poren ein, seine Entfernung ist aufwendig und kostenintensiv. Für alle genarbten und eventuell auch genoppten Böden muß ebenfalls mit einem höheren Reinigungsaufwand gerechnet werden. Bei rauhen, unebenen Flächen kann z.B. das kostengünstige Feuchtwischverfahren nicht eingesetzt werden. Weiterhin bringen rauhe Beläge – vor allem rauhe Steinböden – einen höheren Verschleiß der Wischbezüge mit sich. Für das Personal ist die Reinigung rauher Böden anstrengender, da die Wischgeräte schlechter gleiten.

Bei **Textilbelägen** bestimmen neben Farbe und Musterung die Faserart, die Herstellungsart und die Festigkeit des Polgewebes (oberste Gewebeschicht) den Reinigungsaufwand.

Im Betrieb ist auf möglichst große Flächen mit gleichem Belag zu achten. Das bedeutet für den Reinigungsvorgang, daß nach einem Verfahren gearbeitet werden kann. Jeder Verfahrenswechsel bringt erhöhten Arbeitsaufwand durch Umrüsten oder Austausch von Geräten und Maschinen mit sich.

▶ *Einen hohen Reinigungsaufwand haben helle, einfarbige, hochglänzende, rauhe, offenporige Böden.*
▶ *Einen geringen Reinigungsaufwand haben dunkle, melierte, gemusterte, matte, glatte, geschlossene Böden.*

6.1.1 Stein

Steinbodenarten

Stein zählt neben Holz zu den ältesten Materialien, die als Fußbodenbelag Verwendung finden. Alle Steinböden sind hart und unelastisch, wirken daher schnell fußermüdend, sind fußkalt und nicht trittschalldämmend, andererseits aber sehr strapazierfähig, dauerhaft und wasserunempfindlich. Stein ist ein sehr geeigneter Belag bei fußbodenbeheizten Flächen.

Zu den **Natursteinen** gehören z.B. Marmor, Schiefer, Granit, Dolomit, Solnhofener Platten. **Kunststeine** enthalten auch Rohstoffe aus der Natur, z.B. Ton, Quarz, Kaolin, Basalt, Travertin, werden dann aber in verschiedenen Verfahren weiterverarbeitet (s.u.). Bekannte Kunststeine sind Terrazzoplatten, keramische Fliesen oder Platten, Ziegeltonplatten, Zementestrich usw.

Terrazzoböden bestehen aus zerkleinerten Natursteinen unterschiedlicher Körnung, die mit grauem, weißem oder eingefärbtem Zement vermischt werden.

Keramische Fliesen oder Platten stellt man industriell aus einer Mischung von Quarz, Feldspat und/oder Ton her. Grob- und feinkeramische Produkte können eine zusätzliche Glasur bekommen, die bei einem zweiten Brennvorgang eingebrannt wird und die Poren verschließt. Die Glasuren können rauh, matt oder hochglänzend sein. Die Reinigungs- und Pflegeeigenschaften keramischer Erzeugnisse hängen stark von der Oberflächenbehandlung ab.

Ziegeltonplatten enthalten als Rohstoff reinen hochwertigen Ton. Je nach verwendeter Tonart entstehen gelbliche, bräunliche oder rötliche Erzeugnisse. Die bekanntesten Ziegeltonplatten sind die Cotto- oder Terrakottabodenbeläge, die häufig offenporig – also ohne Oberflächenglasur – verlegt werden.

Zementböden bestehen aus einem Gemisch aus Sand und Zement und werden direkt im Objekt gegossen und gespachtelt. Sie sind sehr porös und lassen daher Feuchtigkeit und Schmutz schnell eindringen. Aufgrund ihrer rauhen Oberfläche haben sie eine schlechte Reinigungsstruktur und führen außerdem zu einem hohen Verschleiß an Wischbezügen. Sie sind empfindlich gegen stark saure oder stark alkalische Reiniger. Zementböden werden in erster Linie in Kellerbereichen eingesetzt.

Sicherheitsfliesen

In hauswirtschaftlichen Betrieben spielen die keramischen **Sicherheitsfliesen** eine besondere Rolle. Die Arbeitsstättenverordnung und die Unfallverhütungsvorschriften schreiben für bestimmte Arbeitsbereiche rutschhemmende Böden vor. Diese Schutzmaßnahme ist dort erforderlich, wo durch den Umgang mit viel Wasser, Öl, Fett oder Abfällen eine erhöhte Rutschgefahr besteht. Das ist z.B. in Großküchen, Vorratsräumen oder Wäschereianlagen der Fall. Die **Rutschhemmung** wird durch eine Oberflächenausbildung erreicht, die von feinrauh bis stark profiliert reicht. Ist die Menge an gleitfördernden Stoffen in bestimmten Arbeitsräumen oder -bereichen sehr groß, wird ein **Verdrängungsraum** unterhalb der Gehebene der Fliesen erforderlich.

Abbildung 6.0   Sicherheitsfliese mit Rutschhemmung

Nach den Richtlinien des Hauptverbandes der gewerblichen Berufsgenossenschaften unterscheidet man für die Rutschhemmung die Bewertungsgruppen R 9 bis R 13. Die Größe des Verdrängungsraums wird mit dem Buchstaben „V" gekennzeichnet und einer entsprechenden Kennzahl ergänzt. Diese Zahl benennt den Mindestverdrängungsraum pro dm^2, so entspricht z.B. „V 4" einem Verdrängungsraum von 4 cm^3 pro dm^2.

Tabelle 6.1 Kennzeichnung von Sicherheitsfliesen		
Arbeitsräume und -bereiche (Auszug – hauswirtschaftliche Betriebe)	**Bewertungsgruppe der Rutschgefahr (Richtwert)**	**Verdrängungsraum mit Kennzahl für das Mindestvolumen**
Küchen für Gemeinschaftsverpflegung in Krankenhäusern und Kliniken (über 100 Gedecke pro Tag)	R 12	
Küchen für Gemeinschaftsverpflegung in Heimen, Schulen, Sanatorien (über 100 Gedecke pro Tag)	R 11	
Kaffee- und Teeküche, Stationsküchen	R 10	
Spülräume	R 12	V 4
Wäschereien	R 11	
Eingangsbereiche, Treppen, Speiseräume	R 9	

Bei der Auswahl von Sicherheitsfliesen hilft das nachfolgende Kennzeichen der gewerblichen Berufsgenossenschaft, Rutschhemmung und Verdrängungsraum zu erkennen.

Kurzbezeichnung der Prüfstelle

Prüfnummer

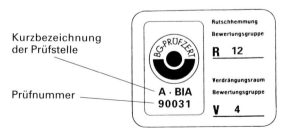

Abbildung 6.1   Kennzeichnung von Sicherheitsfliesen

Diese Anforderungen an Sicherheitsfliesen beziehen sich heute nicht mehr ausschließlich auf keramische Fliesen, sondern auch auf andere Materialien (z.B. auf Gumminoppenböden).

Reinigung und Pflege von geschlossenen Steinböden

Geschlossene Steinböden aus Natur- oder aus Kunststein sowie glasierte Fliesen sind relativ problemlos zu reinigen. Die tägliche **Unterhaltsreinigung** geschieht als Trockenreinigung durch Kehren oder Saugen mit Bürstvorsatz. Die kostengünstige Feuchtreinigung kann nur bei glatten, die Naßreinigung bei allen Steinbelägen eingesetzt werden. Als Reinigungsmittel sind Allzweck-, Neutral- oder Alkoholreiniger geeignet. Sowohl für polierte Böden als auch für glasierte Fliesen ist der Alkoholreiniger empfehlenswert, da er streifenfrei auftrocknet.

Stark saure Reiniger, wie Sanitärreiniger oder Kalklöser, dürfen bei Kalksteinböden (z.B. Marmor, Travertin, Solnhofener Platten, bestimmte Kunststeine) nicht angewendet werden, da sie werkstoffschädigend sind. Besonders polierte Böden werden durch stark saure, aber auch stark alkalische Produkte stumpf. Ebenso greifen saure Reiniger die Zementfugen zwischen Fliesen an, während die glasierten Fliesen selbst beständig gegen diese Reinigungsmittel sind. Das Risiko verringert sich durch eine ausreichende Wässerung des Bodens vor der Reinigung.

Zur **Grundreinigung** oder bei starken Verschmutzungen eignen sich Scheibenmaschinen mit Padscheiben oder Bürsten zur naßscheuernden Bodenreinigung. Die rauhen Böden werden mit Bürsten unterschiedlicher Härte gereinigt, die glatten Böden mit Pads. Für die polierten Böden und die glasierten Fliesen setzt man helle Pads ein. Grüne, braune oder schwarze Pads würden zu Verkratzungen führen, sie sind nur für glatte, matte und unempfindliche Böden auszuwählen.

Alle polierten Flächen und Böden mit glasierten Fliesen sind empfindlich gegen mechanische Einwirkungen wie z.B. Sandkörner oder kleine Steine. Diese verursachen sehr schnell Kratzer auf der Oberfläche. Besonders gefährdet sind hier die Eingangsflächen im Drehbereich der Türen. Unter den Türen sitzende Granulate können zu erheblichen Werkstoffschädigungen führen, die nicht mehr zu beheben sind. Ausreichend große Schmutzschleusen verringern dieses Risiko.

Geschlossene Steinbeläge können mit einem Wischpflegemittel gereinigt werden, grundsätzlich brauchen sie aber **keine Pflegebehandlung**.

Die **Sicherheitsfliesen** gehören ebenfalls zu den geschlossenen Steinbelägen, erfordern aber aufgrund ihrer unebenen Oberfläche einen großen Reinigungsaufwand. Eine manuelle Reinigung bringt häufig keinen ausreichenden Reinigungserfolg, so daß bereits zur täglichen **Unterhaltsreinigung** eine maschinelle Reinigung zu empfehlen ist. Mit Bürsten ausgestattete Dreischeibenmaschinen oder Reinigungsautomaten mit kontrarotierenden Bürstenwalzen haben sich dabei besser bewährt als Einscheibenmaschinen.

Diese Fliesen können auch mit dem Hochdruckreiniger gesäubert werden, allerdings sollte dieser je nach Einsatzort (z.B. in der Großküche) mit einem Spritzschutz ausgestattet sein, um Verschmutzungen des Mobiliars zu vermeiden. In Bäderabteilungen besteht dieses Risiko weniger. Für den Küchenbereich ist die Verwendung von Warmwasser sinnvoll, da Fett so besser abgelöst wird. Eiweiß- und Fettverschmutzungen, die an den Sicherheitsfliesen festsitzen, können nur mit aggressiven Mitteln entfernt werden. Für diese Rückstände sind stark alkalische Reiniger erforderlich, um einen ausreichenden Reinigungserfolg zu erzielen.

Gerade bei den Sicherheitsfliesen muß ständig auf eine sehr gründliche Unterhaltsreinigung geachtet werden, um keine starken Schmutzverkrustungen entstehen zu
lassen, eine zusätzliche **Grundreinigung** wird dann überflüssig. Dieser Bodenbelag
wird ebenfalls nicht eingepflegt.

Reinigung und Pflege von offenporigen Steinböden

Die tägliche **Unterhaltsreinigung** geschieht durch Kehren, Saugen, Feucht- oder
Naßwischen. Beim Naßwischen kann man Allzweck- oder Neutralreiniger, aber auch
Seifenreiniger oder Schmierseife auswählen. Die Seife läßt einen Pflegefilm zurück,
der allmählich die Poren „zuschlämmt" und damit die Fleckempfindlichkeit des Bodens verringert. Gleichzeitig gibt sie einem porösen Boden einen matten Glanz, der
sich aufpolieren läßt. Mit seifenhaltigen Reinigungsmitteln erreicht man langfristig
eine leichte Dunkelfärbung der Fläche. Zu bedenken ist allerdings, daß Schmiersei-
fenlösungen hoher Konzentration, d.h. mit hohem pH-Wert, aggressiv sind und die
kalkhaltige Fugenmasse schädigen können. Das gleiche gilt für stark saure Reiniger,
sie schädigen ebenfalls kalkhaltige Fugenmassen und Kalksteine. Starke Verschmutzungen werden auch bei offenporigen Steinböden mit Scheibenmaschinen entfernt,
wobei Pads mit mittlerem bis starkem Abrieb ausgewählt werden können.

Offenporige Böden werden häufig direkt nach dem Verlegen einer Pflegebehandlung
mit Imprägniermitteln oder mit Wachs unterzogen, um sie unempfindlicher zu machen. Hier ist zu bedenken, daß diese Schichten im Laufe der Zeit an den „Laufstraßen" abgetreten werden und zu erneuern sind. Das erfordert aber eine **Grundreinigung** und eine erneute Behandlung der gesamten Fläche.

> ▶ *Geschlossene Steinböden sind im Gegensatz zu offenporigen reinigungsfreundlich.*
> ▶ *Sicherheitsfliesen sind aufgrund ihrer Oberflächenstruktur reinigungsaufwendig.*

❶ Erkundigen Sie sich in Ihrem Betrieb danach, wie die Reinigung von Sicherheitsfliesen
durchgeführt wird. Erfragen Sie eventuelle Probleme.

❷ Welche Merkmale erwarten Sie von einem unempfindlichen Steinboden?

6.1.2   Holz

Holzbodenarten

Holz ist ein natürlicher Bodenbelag und zählt neben Stein zu den ältesten Materialien,
die für diesen Zweck verwendet werden.

Der **Dielenboden** ist die einfachste und preiswerteste Art eines Holzbodens. Man
wählt für die Dielen meist Weichhölzer (z.B. Tanne, Kiefer, Lärche) aus, die gehobelt
oder geschliffen werden. Eine Oberflächenbehandlung kann durch Wachsbeschichtung, Wasserlack, Lasierung oder Farbanstrich erfolgen. Versiegelt werden nur die
seltener verlegten Harthölzer. Zwischen den Dielen bleiben Fugen offen.

Parkett besteht aus Holzstäbchen, die zu verschiedenen Mustern oder dekorativen
Ornamenten zusammengefügt sind. Dieser sehr hochwertige Boden wird aus in-
oder ausländischen Harthölzern, wie z.B. Eiche, Buche, Mahagoni oder Redpine hergestellt. Die meisten Parkettböden werden versiegelt, sie können aber auch nur geschliffen und anschließend gewachst sein.

Holzpflasterböden bestehen aus scharfkantig geschnittenen Holzklötzen – z.B. Kiefer, Lärche, Eiche –, die man fest aneinander pflastert. Die Hirnholzseite (senkrecht zur Faserrichtung geschnittene Holzfläche) ist die Lauffläche. Dieser Belag sieht sehr rustikal aus. Ideal sind diese Pflasterböden wegen ihrer sehr hohen Abriebfestigkeit z.B. für Werkräume, Werkstätten, Eingangshallen und dergleichen. Sie werden unversiegelt oder versiegelt verlegt.

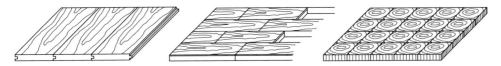

Abbildung 6.2   Dielenboden, Parkett und Holzpflasterboden

Eigenschaften

Holz ist elastisch, wärmedämmend, fußwarm, hat eine hohe Festigkeit und lange Lebensdauer. Gegen Lösemittel ist Holz unempfindlich. Aufgrund der guten Elastizität wirkt der Boden auch nach langem Stehen nicht „fußermüdend". Holz ist umweltfreundlich als Material selbst, beim Verlegen und bei der Entsorgung; umweltbelastend dagegen können bestimmte Versiegelungen sein (s.u.). Es hat als Naturprodukt jedoch den **Nachteil,** daß es „arbeitet", d.h. es trocknet aus unter warmer Luft und quillt unter Feuchtigkeitseinwirkung. Die poröse Oberfläche von unbehandeltem Rohholz ist wasserempfindlich. Durch Versiegelung erreicht man dagegen eine unempfindliche, pflegeleichte Bodenfläche. Für Fußbodenheizung ist Holz bedingt geeignet.

Oberflächenversiegelung

Die **Versiegelung** von Parkett und Holzpflaster (Dielen werden meist nicht versiegelt) ist eine Oberflächenbehandlung mit Produkten, die eine Porenfüllung bewirken und gleichzeitig einen Film von hoher Verschleißfestigkeit zurücklassen. Da diese Versiegelung die Holzoberfläche gegen das Eindringen von Schmutzpartikeln aller Art schützt, hängt die Strapazierfähigkeit von der Qualität der Versiegelung ab.

Bei den Versiegelungsarten spielen heute nur noch Produkte auf **Wasserlackbasis** (Dispersionslacke) eine Rolle. Für unterschiedliche Beanspruchungen gibt es sie in verschiedenen Stufen.

Die früher verwendeten säurehärtenden Siegel (SH-Siegel) und Polyurethan-Siegel (DD-Siegel oder PUR-Lacke) sind wegen ihrer Inhaltsstoffe stark umweltbelastend (DD-Siegel enthalten Formaldehyd) und sollten zugunsten der weniger belastenden Wasserlacke gemieden werden. Zwar werden diese Siegelarten noch hergestellt und angeboten, bei ihrer Anwendung sind jedoch derart strenge Arbeitsschutzbestimmungen einzuhalten, daß der Handwerker diese üblicherweise nicht mehr erfüllen kann.

Jede Versiegelung unterliegt je nach Beanspruchung einem natürlichen Verschleiß. Wenn die Oberfläche durchgetreten ist, muß abgeschliffen und neu versiegelt werden. Die Haltbarkeit der Versiegelung ist entscheidend von der Einhaltung der Trocknungs- und Aushärtungszeiten abhängig. Je mehr der Boden an den ersten Tagen nach dem Auftragen des Siegels geschont wird, desto dauerhafter ist die Schutzschicht. Man rechnet dann mit einer Haltbarkeit von fünf bis zehn Jahren.

Reinigung und Pflege versiegelter Holzböden

Die tägliche **Unterhaltsreinigung** erfolgt durch Kehren, Saugen, Saugbohnern, Feucht- oder Naßwischen, Cleanern oder Polieren. Beim Naßwischen muß vermieden werden, daß Wasser unter die Ränder des Holzbodens zieht. Als Reinigungsmittel kann ein Allzweck- oder Neutralreiniger eingesetzt werden. Die Versiegelungen sind in der Regel unempfindlich gegen saure oder alkalische Reiniger. Hier sind die jeweiligen Herstellerhinweise zu beachten. Auf eine regelmäßige Entfernung von Sandkörnern ist zu achten, da sie auf der Versiegelung wie Schleifkörner wirken. Besondere Pflegemaßnahmen sind nicht notwendig. Will man die Versiegelung allerdings mit einem leichten Schutzfilm versehen, so ist ein Wischpflegemittel mit wasserlöslichen Polymeren zu empfehlen.

Eine **Grundreinigung** wird überhaupt nur dann notwendig, wenn beim Naßwischen ein Behandlungsmittel ausgewählt wird, das langfristig Pflege- und Schmutzkrusten entstehen läßt (s. Kapitel 5). Man setzt zur Grundreinigung Scheibenmaschinen mit Pads ein, die einen mittleren Abrieb haben (grün) und schrubbt mit einem auf Holz und die Art der Versiegelung abgestimmten Grundreiniger. Pads mit zu starkem Abrieb (schwarz) würden die Versiegelung zerstören. Die verwendete Wassermenge sollte – wie bei der Unterhaltsreinigung – so gering wie möglich gehalten werden, da bei der Grundreinigung die Gefahr des Aufquellens der Hölzer durch seitlich unterziehendes Wasser noch größer ist.

Reinigung und Pflege unversiegelter Holzböden

Unversiegelte Holzböden werden nach dem Verlegen meist mit Hartwachs eingepflegt. Anschließend erfolgt ein Ausbohnern bzw. Polieren. Bei der täglichen **Unterhaltsreinigung** wird aufliegender Staub und Feinschmutz durch Kehren, Saugen oder Saugbohnern entfernt. In Werkräumen beseitigt man grobe Verschmutzungen durch Kehren, eventuell mit Wachskehrspänen. Späne auf Emulsionsbasis darf man nicht verwenden, da sie Feuchtigkeit an die Holzflächen abgeben. Eine Feuchtreinigung kann mit Reinigungstüchern erfolgen, die mit einem Staubbindemittel getränkt sind. Eine Naßreinigung sollte unterbleiben. Sind Holzböden mit Hartwachs behandelt, so können Schrammen oder fest anhaftende Verschmutzungen mit Wachscleanern (lösemittelhaltig) entfernt werden.

Bei der **Grundreinigung** unversiegelter Holzflächen sind alte Wachsfilme vom Boden zu lösen. Das geschieht entweder durch Abspänen oder durch Auftragen lösemittelhaltiger Grundreiniger. In beiden Fällen wird eine Scheibenmaschine eingesetzt. Ein Stahlwollkranz unter der Einscheibenmaschine entfernt auf mechanischem Wege durch Abrieb die verschmutzte Wachsschicht. Das sollte man allerdings Fachleuten überlassen, um einen gleichmäßigen Abrieb sicherzustellen. Dieses Verfahren ist zwar mit einer Staubentwicklung verbunden, aber sonst umweltfreundlich. Der Einsatz von lösemittelhaltigen Grundreinigern ist dagegen umweltbelastend und gesundheitsgefährdend. Dabei wird der Grundreiniger mit dem schwarzen Pad der Scheibenmaschine in den Boden einmassiert. Man sollte immer nur sehr kleine Flächen (wenige Quadratmeter) mit der Reinigungslösung bearbeiten und die Schmutzflotte sofort aufnehmen, damit die Lösung nicht in die Poren eindringt. Nach der Grundreinigung und einer ausreichenden Trocknungszeit wird der Boden wieder mit einem Wachspflegemittel behandelt und auspoliert.

Die Reinigung und Pflege unversiegelter Holzböden ist bedeutend aufwendiger als die versiegelter. Bei der Beurteilung der Umweltbelastung versiegelter und unversiegelter Hölzer werden häufig die unversiegelten besser beurteilt. Dabei wird aber die regelmäßige umweltbelastende Reinigung (lösemittelhaltige Grundreiniger) und die damit verbundene Gesundheitsgefährdung außer acht gelassen. Abgesehen von Werkräumen/-stätten sollte man aus Sicht der Reinigung versiegelten Böden den Vorzug geben, weil sie aus reinigungstechnischer Sicht vorteilhafter sind.

> ▶ *Versiegelte Holzböden lassen sich im Gegensatz zu unversiegelten problemlos reinigen.*
> ▶ *Die Qualität der Versiegelung bestimmt die Strapazierfähigkeit und Haltbarkeit eines geschlossenen Holzbodens.*

● Vergleichen Sie aus Sicht der Reinigung die Oberflächeneigenschaften von
  a) versiegelten Holzböden und geschlossenen Steinböden
  b) porösen Holzböden und porösen Steinböden.

6.1.3   Linoleum

Linoleum ist ein Bodenbelag, bei dem Kork- und/oder Holzmehl, Füllstoffe sowie Farbpigmente mit Leinöl und Harzen gebunden werden. Diese Masse erhitzt man, preßt sie unter hohem Druck auf ein Jutegewebe, walzt sie glatt und läßt sie trocknen. Linoleum ist elastisch, trittschalldämmend, fußwarm und geeignet zur Verlegung auf Fußbodenheizung. Die Entsorgung ist aufgrund der Verarbeitung natürlicher Rohstoffe unproblematisch und bringt keine Umweltbelastung mit sich. Linoleumfußböden tragen zu einem günstigen Raumklima bei, da eine gewisse Atmungsaktivität besteht.

Eine vom Hersteller aufgetragene Finish-Schicht macht die Oberfläche des Linoleumbodens porenlos dicht, glatt, abriebfest und damit widerstandsfähig. Diese geschlossene Oberfläche ist für die Reinigung und Pflege ebenso günstig wie die Wasserbeständigkeit und die Lösemittelunempfindlichkeit.

Reinigung von Linoleum
Die **Unterhaltsreinigung** erfolgt je nach Verschmutzungsgrad durch Kehren, Saugen, Saugbohnern, Feucht- oder Naßwischen, Cleanern oder Polieren. Bei jeder Naßbehandlung des Bodens ist zu beachten, daß die Oberfläche wasserfest ist, nicht aber die Linoleummasse selbst. Die natürlichen Bestandteile können faulen, wenn z.B. an den Wandabschlüssen Feuchtigkeit in die Linoleummasse eindringen kann. Zur Unterhaltsreinigung kann man einen Allzweck- oder Neutralreiniger einsetzen. Alle stark alkalischen Reiniger (z.B. Schmierseife) dürfen nicht angewendet werden, sie würden nach längerer Einwirkzeit die Linoleummasse gelb verfärben. Extrem saure Reiniger schädigen den Bodenbelag.

Werden **Grundreinigungen** aufgrund entsprechender Pflegebehandlungen notwendig, so können sich Probleme ergeben. Stark alkalische Grundreiniger mit einem pH-Wert über 9,0 zerstören die Finish-Schicht an der Oberfläche. Der Boden fühlt sich rauh an, er ist nicht mehr wasserfest und nimmt die Reinigungsflotte in sich auf. Holz- und Korkspäne liegen frei, ziehen Wasser an und quellen auf. Im Wischwasser werden gelöste Farb-Pigmente sichtbar. Grundreiniger für Linoleum müssen daher bei einem pH-Wert unter 9,0 liegen.

Zur Grundreinigung setzt man eine Scheibenmaschine mit einem entsprechenden Bürstenkranz oder Pad ein. Es darf auf keinen Fall ein Pad mit zu starkem Abrieb (braun oder schwarz) verwendet werden, das würde ebenfalls zu einer Zerstörung der Oberflächenschicht führen und die oben beschriebenen Folgen mit sich bringen. Nach der Grundreinigung ist vor einer Weiterbehandlung des Bodens eine ausreichende Trocknungszeit einzuplanen. Diese liegt bei Linoleum im Gegensatz zu PVC bei einigen Stunden. Wird sie nicht eingehalten, kommt es zum späteren „Abpudern" des Pflegefilms.

Pflege von Linoleum

Die Pflege mit **Bohnerwachs** geschieht als Schutz gegen Verschmutzung und Verkratzen, aber nicht zur Erhaltung des Bodens. Ein Einpflegen mit einer Wachsschicht wird heute meist abgelehnt, da es arbeitsaufwendig ist, in regelmäßigen Abständen die kostenintensive Grundreinigung notwendig macht und die Begehsicherheit des Fußbodens beeinträchtigt (Rutschgefahr).

Linoleum kann außerdem mit **Selbstglanzemulsionen auf Polymerbasis** (Kunststoffbasis) gepflegt werden. Führt man die tägliche Unterhaltsreinigung häufig nach dem Feuchtwischverfahren durch, ist die Verwendung einer solchen Emulsion eventuell zu überlegen. Der Belag wird gut geschützt und damit sehr strapazierfähig. Die Gleitfähigkeit der Gaze- oder Vliestücher und der Feuchtwischbezüge ist erhöht, die Schmutzhaftung verringert. Aber auch hierbei bleibt die nachteilige Grundreinigung unumgänglich. Bei der Verwendung von Selbstglanzemulsionen entsteht auf dem Boden eine größere Trittsicherheit im Vergleich zur Verwendung von Wachsen.

Durchgesetzt haben sich heute zur Reinigung und Pflege von Linoleumböden – wie bei den meisten anderen Belägen – die **Wischpflegemittel mit wasserlöslichen Polymeren**. Sie werden mit der Reinigungsflotte in einem Arbeitsgang auf den Boden aufgebracht und anschließend mit einer High-Speed-Maschine auspoliert und thermisch verdichtet. Je nach Begehungshäufigkeit muß das Polierverfahren für eine gleichmäßige Optik einmal wöchentlich bis monatlich eingesetzt werden. Der Belag ist anschließend trittsicher, hat einen leichten Glanz und ist schmutzabweisend. Eine Grundreinigung entfällt bei der Verwendung dieser Wischpflegemittel. Aus ökonomischer und ökologischer Sicht ist diese Pflege daher vorzuziehen. Ist ein Linoleumbelag allerdings durch falsche Behandlung vorgeschädigt (aufgerauhte Oberfläche), so kann eine Pflege mit wasserunlöslichen Polymeren oder eine Beschichtung notwendig sein.

> ▶ *Linoleumfußbodenbeläge bestehen aus natürlichen Rohstoffen und sind umweltfreundlich.*

❶ Was müssen Sie bei der Auswahl eines Reinigungsmittels für Linoleumböden beachten?

❷ Sowohl Linoleumböden als auch versiegelte Holzböden können bei der Naßreinigung Probleme aufwerfen. Erläutern Sie.

6.1.4   Kunststoff / PVC

Belagsarten

Kunststoffbeläge werden durch Auswalzen gelatinierender Massen aus PVC (Polyvinylchlorid), Weichmachern, Füllstoffen und Farbpigmenten hergestellt. Da PVC der für diese Belagsart am häufigsten verwendete Kunststoff ist, spricht man meist nur von PVC-Fußbodenbelägen. Es gibt Belagsmaterial, das ausschließlich aus PVC-Material hergestellt wird – man spricht hier von **homogenen PVC-Belägen** – oder solches, das aus mehreren, miteinander verschweißten Schichten verschiedener Zusammensetzung besteht. Das sind **heterogene PVC-Beläge.** Diese heterogenen Beläge können auf ein Trägermaterial, z.B. aus verrottbarem Jutefilz, Filz oder aufgeschäumtem PVC aufgebracht werden, es entsteht ein sogenannter PVC-Verbundbelag. Sobald hier verrottbare Materialien verarbeitet sind, ist der Belag ungeeignet für Naßräume.

Bei den heterogenen Belägen ist nur die oberste Nutzschicht aus reinem PVC. In den stark mit Füllmaterial (z.B. Kork, Filz, Synthetikflies, PVC-Schaum) angereicherten unteren Schichten ist PVC nur reines Bindemittel. Durch das Füllmaterial entsteht eine größere Elastizität, man spricht daher auch von **Weich-PVC**. Je höher der PVC-Anteil ist – er schwankt zwischen 25 % und 85 % – und je niedriger der Füllstoffanteil ist, desto größer ist die Strapazierfähigkeit des Bodens. Homogene PVC-Beläge sind für stark begangene Flächen vorzuziehen, sind aber entsprechend teurer.

Eigenschaften
Kunststoffbeläge sind sehr strapazierfähig, elastisch, druckunempfindlich, pflegeleicht, wasserfest und geeignet für Fußbodenheizung (ausgenommen Verbundbeläge). Stoßfugen zwischen Bahnen oder Platten werden verschweißt, so daß auch hier keine Feuchtigkeit eindringen kann. Im Vergleich zu Linoleumbelägen sind PVC-Beläge fußkälter, im Vergleich zu Steinböden dagegen fußwärmer.

Problematisch wird die **Entsorgung** der Beläge, da sie das umweltbelastende Schwermetall Cadmium enthalten. Wenn das Material verbrannt wird, z.B. in einer Müllverbrennungsanlage, entstehen giftige Chlorgase. Diese Gase können auch im Brandfall aus Fußbodenbelägen frei werden und eine große Gefahr darstellen. Glühende Zigarettenkippen verursachen Schmelzstellen, die durch die Reinigung nicht mehr zu entfernen sind.

Reinigung und Pflege von PVC-Böden
Die **Unterhaltsreinigung** der PVC-Böden erfolgt je nach Verschmutzungsgrad durch Kehren, Saugen, Saugbohnern, Feucht- oder Naßwischen, Cleanern oder Polieren. Geeignete Reinigungsmittel zur Naßreinigung sind Allzweck- oder Neutralreiniger.

Die **Grundreinigung** ist unproblematisch, da PVC-Böden, im Gegensatz zu Linoleum, eine hervorragende Alkalibeständigkeit aufweisen (pH-Wert über 10). Stark saure Mittel können dagegen zu Flecken und Farbveränderungen führen. Das ist z.B. beim Gebrauch von Kalklösern oder Zementschleierentfernern zu beachten. Setzt man zur Grundreinigung Scheibenmaschinen mit Pads ein, so zeigt sich auch hier die gute Strapazierfähigkeit des Bodens. Dunkle Pads, die zu starkem Abrieb führen, schaden dem Material nicht.

Zu beachten ist allerdings bei der Auswahl der Behandlungsmittel zur Grundreinigung die Empfindlichkeit gegenüber lösemittelhaltigen Produkten wie Fleckentfernern, Kleberverdünnern, Wachscleanern und dergleichen. Ihr Einsatz schädigt die PVC-Flächen. Verfärbungen durch Kugelschreiber oder Stempelfarbe sollten möglichst schnell bei einer Zwischenreinigung entfernt werden, sie ziehen sonst immer stärker in den Boden ein. Da PVC-Böden schnell abtrocknen, kann bereits kurze Zeit nach der Grundreinigung eine Weiterbehandlung des Belages erfolgen.

Zur **Pflege** des PVC-Bodens reicht wiederum ein Naßwischen mit einem Wischpflegemittel mit wasserlöslichen Polymeren. Anschließend wird die Fläche mit einer Ultra-High-Speed-Maschine auspoliert, so daß ein strapazierfähiger Belag zurückbleibt. Sobald man auch hier Produkte einsetzt, die einen stärkeren Schutz gegen Absatzstriche und Gehspuren liefern, muß man mit Pflegefilmkrusten rechnen, die allerdings die bereits mehrfach kritisierte Grundreinigung erforderlich machen. PVC-Fußböden dürfen nicht mit Wachsen oder anderen lösemittelhaltigen Produkten eingepflegt werden.

> ▶ *PVC-Böden sind reinigungsfreundlich. Ihre Entsorgung ist umweltbelastend.*

❶ Aus Sicht der Umweltverträglichkeit werden PVC-Beläge stark kritisiert. Erläutern Sie.

❷ Vergleichen Sie die Oberflächeneigenschaften von Linoleum- und PVC-Böden aus Sicht der Reinigung miteinander.

6.1.5   Kork

Eigenschaften

Kork ist ein Naturprodukt, das auf Grund seiner Umweltfreundlichkeit sehr an Bedeutung gewinnt. Die Rinde der Korkeiche wird zu Korkschrot vermahlen, mit Bindemitteln vermischt und in Blöcke gepreßt. Aus den Blöcken schneidet man Platten der gewünschten Stärke, die gewachst oder mit unterschiedlicher Versiegelung verlegt werden. Die Korkschicht ist trittschall- und wärmedämmend, fußwarm und relativ unempfindlich gegen Druck. Aufgrund der hohen Elastizität wirkt der Boden auch bei langem Stehen nicht „fußermüdend". Kork quillt im Gegensatz zu anderen Naturmaterialien (Holz, Linoleum) durch Feuchtigkeit nicht auf und fault nicht. Durch seinen hohen Wärmedämmwert ist er jedoch ungeeignet für Fußbodenheizung.

Die Umweltverträglichkeit von Korkböden ist aus mehreren Gründen besonders hervorzuheben. Kork ist als Naturprodukt selbst umweltfreundlich, der Herstellungsprozeß der Platten bringt keine Gefährdung mit sich, die verwendete Rindenschicht der Korkeiche wächst ständig nach (ca. alle 9 Jahre) – es muß also kein Baum gefällt werden –, und die Entsorgung abgenutzter Korkplatten geschieht ohne Umweltbelastung.

Die Art der **Oberflächenbehandlung** der Korkplatten bestimmt die Strapazierfähigkeit und den Reinigungs- und Pflegeaufwand des Belages. Ähnlich wie bei Parkettböden gibt es auch für Kork **Versiegelungen** für unterschiedliche Beanspruchung. Auch hier sind wieder die weniger umweltbelastenden Siegel auf Wasserlackbasis empfehlenswert. Die Art der Versiegelung bestimmt die Empfindlichkeit des Korkbodens gegen Säuren, Alkali oder Lösemittel. Hier sind die Herstellerhinweise zu beachten. **Gewachste Korkböden** sind wenig strapazierfähig, die Wachsschichten müssen in regelmäßigen Abständen durch eine Grundreinigung entfernt und anschließend wieder erneuert werden (s. Kapitel 5.3.2).

Reinigung und Pflege von Korkböden

Für die **Reinigung** des Bodens ist die Oberflächenstruktur von Bedeutung. Die Korkfläche kann völlig glatt sein oder leichte Vertiefungen aufweisen. Durch die Versiegelung werden auch die Verlegefugen geschlossen, so daß eine durchgehende wasserfeste Fläche entsteht. Da Kork nicht quillt oder fault, besteht keine Gefahr durch eventuell seitlich unterziehendes Wasser. Die **Unterhaltsreinigung** erfolgt bei versiegelten Korkböden durch Kehren, Saugen, Saugbohnern, Feucht- oder Naßwischen, Cleanern oder Polieren. Trotz leichter Vertiefungen kann das Feuchtwischverfahren angewendet werden, da die Oberfläche in sich nicht rauh ist und das Wischgerät gut gleiten läßt. Als Reinigungsmittel sind Allzweck- oder Neutralreiniger geeignet. Gewachste, nicht versiegelte Korkböden dürfen nicht naß gereinigt werden, da Wasser durch die Fugen in den Unterboden eindringen kann.

Werden **Grundreinigungen** nach entsprechenden Pflegebehandlungen notwendig, so sind die Herstellerhinweise bezüglich der Empfindlichkeit der Versiegelungen gegen verschiedene Einflüsse zu beachten. Setzt man zur Grundreinigung Scheibenmaschinen mit Pads ein, so sollten diese nur zu einem mittlerem Abrieb führen, damit die Versiegelung erhalten bleibt (s. Kapitel 4.1.6). Da bei Grundreinigungen meist mit viel Wasser gearbeitet wird, ist die Wasserbeständigkeit des verwendeten Korkklebers zu prüfen. Lösemittelhaltige Grundreiniger zur Entfernung alter Wachsschichten schaden Korkböden nicht.

Wünscht man eine **Pflege** eines versiegelten Korkbodens, so reicht auch hier ein Naßwischen mit einem Wischpflegemittel mit wasserlöslichen Polymeren und anschließendes Auspolieren mit der Poliermaschine. Gewachste Korkböden werden in regelmäßigen Abständen mit wachshaltigen Produkten eingepflegt.

Insgesamt ist festzustellen, daß unversiegelte, gewachste Korkböden für den betrieblichen Einsatz aus Sicht der Strapazierfähigkeit und der Reinigung nicht geeignet sind.

▶ *Versiegelte Korkböden sind im Gegensatz zu unversiegelten reinigungsfreundlich.*

● Warum wird Kork als Fußbodenbelag dem PVC-Material immer mehr vorgezogen?

6.1.6   Gummi / Elastomere

Eigenschaften
Gummibeläge werden aus natürlichem oder – heute meist – synthetischem Kautschuk unter Zusatz von Füll- und Farbstoffen hergestellt. Gummiböden sind elastisch, trittschalldämmend, wasserfest und druckunempfindlich. Sie haben einen hohen Wärmedämmwert, sind daher über einer Fußbodenheizung nicht zu empfehlen. Wegen der sehr guten Trittsicherheit, besonders der genoppten Böden, werden sie gern in Großbetrieben verlegt.

Die hohe Abriebfestigkeit sowie die glatte und porenlose Oberfläche ergeben einen strapazierfähigen, dauerhaften und pflegeleichten Belag. Zu beachten ist bei der Auswahl der Reinigungs- und Pflegemittel, daß der Belag normalerweise empfindlich gegen Säuren, Alkali, Fette und Lösemittel ist. Es gibt allerdings Sonderqualitäten, die widerstandsfähig gegen diese Stoffe sind. Eine Reinigung mit starker mechanischer Einwirkung – z.B. schwarze Pads der Scheibenmaschinen – kann den Belag ebenfalls schädigen.

Reinigung und Pflege von Gummibelägen
Die **Unterhaltsreinigung** erfolgt wie bei den vorher genannten elastischen Böden durch Kehren, Saugen, Saugbohnern, Feucht- oder Naßwischen, Cleanern oder Polieren. Glatte, nicht genoppte Böden lassen sich problemlos nach diesen Verfahren reinigen. Schwierigkeiten beim manuellen Reinigen können Flächen mit Noppen bereiten, da die Wischgeräte über die Erhöhungen „hinweggleiten" und die Vertiefungen nicht erfassen. Ein Feuchtwischen mit dünnen Gaze- oder Vliestüchern ist deshalb bei genoppten Böden nicht möglich. Setzt man einen Feuchtwischbezug ein, so bringt er auch nur bei geringer Noppenhöhe (bis 0,3 mm Höhe) einen einigermaßen zufriedenstellenden Erfolg. Selbst wenn Maschinen zur Reinigung ausgewählt werden, sollte die Noppenhöhe nicht über 0,5 mm Höhe liegen, da sich mit zunehmender Höhe die Schmutzablagerungen um diese Erhebungen verstärken. Normalerweise ist für diese Böden ein Naßwischverfahren einzuplanen. Geeignete Reinigungsmittel sind Allzweck- oder Neutralreiniger.

Schwierig aus Sicht der Reinigung sind die in Krankenhäusern häufig verlegten Gumminoppenböden mit zahlreichen punktartigen Erhöhungen. Sie sind aber besonders rutschfest und garantieren einen erschütterungsfreien Krankentransport.

Bei der **Grundreinigung** ist zu beachten, daß Gummiböden gegen aggressive Reinigungsmittel empfindlich sind. Zum maschinellen Scheuern werden Scheibenmaschinen eingesetzt. Dreischeibenmaschinen mit Bürstaufsatz bringen einen besseren Reinigungserfolg als Einscheibenmaschinen, da die Noppen gleichmäßiger von allen Seiten erfaßt werden. Oft findet man diese Bodenbeläge in großen Hallen und Fluren verlegt, in denen die Unterhalts- und Grundreinigung immer mit Reinigungsautomaten durchgeführt wird.

Zur **Pflege** der Gumminoppenböden reicht, wie bei den anderen elastischen Belägen, ein Wischpflegemittel mit wasserlöslichen Polymeren aus, so daß keine Grundreinigung erforderlich wird. Produkte, die einen stärkeren Pflegefilm hinterlassen, müssen in der Regel mit aggressiven Reinigungsmitteln entfernt werden; diese dürfen aber bei Gummibelägen nicht eingesetzt werden (s.o.).

▶ *Bei Gumminoppenböden hängt der Reinigungserfolg in entscheidendem Maße von der Noppenhöhe ab. Eine maschinelle Reinigung bringt einen größeren Reinigungserfolg.*

❶ Bei der Unterhaltsreinigung von genoppten Gummiböden ergibt sich aus Kostengründen ein entscheidender Nachteil im Vergleich zu PVC- und Linoleumböden. Begründen Sie.

❷ Beschreiben Sie die Schwierigkeiten, die bei der Reinigung von Gumminoppenböden auftreten können.

6.1.7 Textilfasern

Eigenschaften
Teppichböden geben einem Raum Großzügigkeit und Behaglichkeit, sind fußwarm sowie wärme- und trittschalldämmend. Ihre Strapazierfähigkeit und damit ihre Lebensdauer ist jedoch deutlich geringer (ca. 5 bis 15 Jahre) im Vergleich zu den meisten bisher beschriebenen Materialien. Teppichboden kann über Fußbodenheizung verlegt werden, wenn er einen geringen Wärmedämmwert hat und ganzflächig mit wärmebeständigem Kleber verklebt ist.

Gebrauchswert
Abbildung 6.3 zeigt einen Querschnitt durch einen beschichteten Teppichboden. Neben diesen Oberflächenmerkmalen sind für den Gebrauchswert, die Reinigung und die Pflege noch die Rückenkonstruktionen der Teppichböden (mit oder ohne Latexbeschichtung) von Bedeutung.

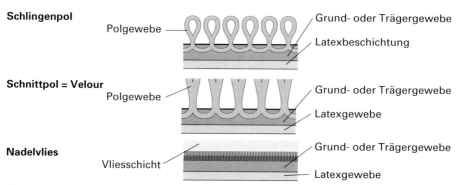

Abbildung 6.3   Querschnitt durch einen beschichteten Teppichboden

Der Gebrauchswert des Teppichbodens hängt ab von der Faserart, dem Herstellungsverfahren und den verschiedenen Konstruktionsmerkmalen. Sowohl Naturfasern (Wolle, Baumwolle, Cellulose) als auch synthetische Fasern (Polyamid, Polyacryl, Polyester, Polypropylen) werden zu textilen Geweben verarbeitet. Wegen der höheren Verschleißfestigkeit verwendet man heute zum größten Teil synthetische Fasern (Marktanteil ca. 90 %) und darunter speziell Polyamid.

Eine Erleichterung zur Erkennung des Gebrauchswertes eines textilen Belages bietet das **Teppich-Siegel.**

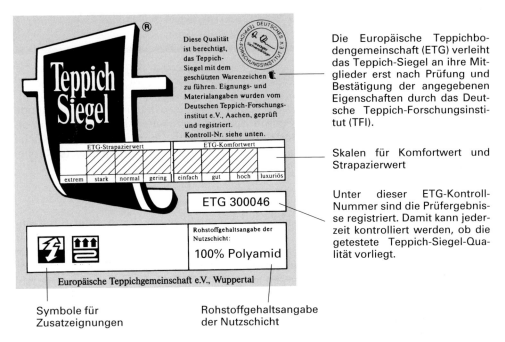

Die Europäische Teppichbodengemeinschaft (ETG) verleiht das Teppich-Siegel an ihre Mitglieder erst nach Prüfung und Bestätigung der angegebenen Eigenschaften durch das Deutsche Teppich-Forschungsinstitut (TFI).

Skalen für Komfortwert und Strapazierwert

Unter dieser ETG-Kontroll-Nummer sind die Prüfergebnisse registriert. Damit kann man jederzeit kontrolliert werden, ob die getestete Teppich-Siegel-Qualität vorliegt.

Symbole für Zusatzeignungen

Rohstoffgehaltsangabe der Nutzschicht

Abbildung 6.4   Das Teppich-Siegel

Der Gebrauchswert des Teppichbodens wird bestimmt durch die Merkmale *Strapazierwert* und *Komfortwert.*

Man versteht unter dem **Strapazierwert** das Verschleißverhalten des Teppichbodens, d.h. welchen Beanspruchungen er gewachsen ist. Der **Komfortwert** wird dagegen von der Dichte und Höhe des Flors (Polgewebes) bestimmt, d.h. dem Komfort, den ein textiler Belag bietet. Weitere technische Eigenschaften für bestimmte Anwendungsbereiche geben folgende **Eignungssymbole:**

Stuhlrollen-eignung   Treppen-eignung   Feuchtraum-eignung   Antistatik-ausrüstung   Eignung für Fußbodenheizung

Abbildung 6.5   Eignungssymbole für Teppichböden

Neben diesen technischen Eigenschaften bestimmt die Wahl der **Farbe** und der **Musterung** den Gebrauchswert des Teppichbodens. Melierte und gemusterte Gewebe sind hellen und unifarbenen vorzuziehen. Nur ein textiler Belag, der den Anforderungen des jeweiligen Objektes gerecht wird, der in Farbe und Musterung auf den entsprechenden Raum abgestimmt ist, hält die Folgekosten für Reinigung und Pflege in Grenzen und garantiert eine lange Lebensdauer.

> ▶ *Das **Teppich-Siegel** gibt dem Verbraucher Auskunft über den Gebrauchswert eines textilen Belages.*
> ▶ *Die **Eignungssymbole** geben technische Eigenschaften für bestimmte Anwendungsbereiche an.*

Reinigung von Teppichböden

Um den Reinigungsaufwand bei textilen Belägen gering zu halten, sind vorbeugende Maßnahmen zur Vermeidung von Schmutzeintrag vorzusehen. Dazu gehören in erster Linie Schmutzfangzonen im Eingangsbereich, beim Übergang zwischen Küche und Eßbereich, vor Getränkeautomaten, vor Theken in einer Cafeteria usw. (s. Kapitel 4.3.2), da der Boden an diesen Stellen besonders stark verfleckt.

Unterhaltsreinigung

Die **Unterhaltsreinigung** von Teppichböden geschieht durch Staub- oder Bürstsaugen. Das Bürstsaugen bringt einen größeren Reinigungserfolg, da Schmutz besser aus der Tiefe des Polgewebes herausgeholt und gleichzeitig der Flor aufgerichtet wird. Das Aufrichten des Flors ist eine wichtige, tägliche Pflegemaßnahme, um vor allem bei stark begangenen Laufstraßen lange Zeit ein gutes Aussehen zu bewahren. Aus Belägen mit kurzem, dichtem Flor läßt sich loser Schmutz am besten entfernen. Bürstsaugen ist aber für Nadelfilzbeläge ungeeignet, da die Oberfläche allmählich aufgerauht wird. Das verringert die Lebensdauer des Bodens und sieht unansehnlich aus.

Die eingesetzten Staub- und Bürstsauger sollten mit Feinstaubfiltern ausgestattet sein. Die üblichen Geräte halten zwar durch ihre Filteranlagen den Grobstaub zurück, nicht aber den lungengängigen Feinstaub (lungengängiger Staub kann bis in das Innere der Lunge vordringen). Dieser wird während des Saugens in den Raum geblasen, wo er bis zu mehreren Stunden in der Luft schweben und eingeatmet werden kann. Entscheidet man sich in Kurkliniken, Sanatorien oder ähnlichen Häusern – eventuell mit Allergiepatienten – für Teppichböden, so ist hierauf bei der Geräteauswahl besonders zu achten. Weiterhin ist davon auszugehen, daß durch eine Unterhaltsreinigung keine Bakterien oder Pilze aus einem textilen Belag – im Gegensatz zur desinfizierenden Naßreinigung eines Hartbelages – entfernt werden können, lediglich die direkt an den Staubpartikeln haftenden Keime saugt man ab.

Teppichböden haben den Vorteil, daß Staub nicht sofort erkennbar wird im Vergleich zu glatten, eventuell glänzenden Hartbelägen. So ist es durchaus denkbar, die Unterhaltsreinigung an bestimmten Tagen der Woche als Sichtreinigung zu planen und nur direkt ins Auge fallende Verschmutzungen oder Fusseln zu entfernen und häufig begangene Zonen zu reinigen. An anderen Tagen wird dann die gesamte Fußbodenfläche abgesaugt. Diese Kombination wirkt sich kostensparend aus. Weiterhin ist zu berücksichtigen, daß die Unterhaltsreinigung der Teppichböden insgesamt einen geringeren Zeitaufwand erfordert als von Hartbelägen.

Zwischenreinigung

Mit der Trockenreinigung durch Staub- und Bürstsaugen kann kein anhaftender oder klebender Schmutz entfernt werden. Dazu ist eine **Zwischenreinigung** notwendig, mit **Fleckentfernung (Detachur)** oder **Teilreinigung** stark angeschmutzter Flächen. Die Fleckentfernung ist unbedingt in die tägliche Unterhaltsreinigung einzuplanen, da sich jeder Fleck schneller, gründlicher und häufig auch ohne Chemieeinsatz entfernen läßt, wenn er noch frisch ist. Im Privathaushalt ist die spontane Fleckentfernung meist selbstverständlich, im Betrieb unterbleibt sie häufiger.

Die Fleckentfernung sollte nach den Empfehlungen des Deutschen Teppich-Forschungsinstituts in vier Phasen erfolgen.

Phase 1: Schmutz abheben.

Phase 2: Schmutz mit Wasser lösen.

Phase 3: Schmutzstelle mit Teppichschaumreiniger behandeln.

Phase 4: Schmutzstelle mit Fleckentferner behandeln.

> **Vorsicht:** Fleckentferner sind lösemittelhaltig, ihre Dämpfe gesundheitsschädlich.

Eine **Teilreinigung** von Teppichböden ist dann sinnvoll, wenn nur bestimmte Laufstraßen starke Verschmutzungen aufweisen und sich somit eine Grundreinigung der gesamten Teppichbodenfläche nicht lohnt. Dazu verwendet man Teppichreinigungspulver oder Trockenschaum (-shampoo). Eine **Reinigung** mit **Pulver** ist aufgrund der geringen Feuchtigkeitsmenge vor allem dann angeraten, wenn der Teppichboden keine Naßreinigung verträgt, wenn die zu reinigende Fläche nur kurze Zeit „abgesperrt" werden kann oder wenn während der Reinigungs-/Trocknungszeit der Boden begangen werden muß – was nach Möglichkeit auszuschließen ist! Das Teppichreinigungspulver wird maschinell (Scheibenmaschinen mit speziellen Pads, eventuell mit Garnpads) in das textile Gewebe einmassiert, bindet den Schmutz an sich und kann nach kurzer Einwirkzeit (ca. 30 Minuten) mit einem starken Bürstsauger abgesaugt werden. Bei stark verschmutzten Teppichböden und vor allem bei Schlingenware ist der Reinigungserfolg mit Pulver jedoch unbefriedigend.

Eine Teilreinigung von Teppichböden ist auch mit vorgefertigtem **Trockenschaum** möglich. Dieser wird in einer Shampooniermaschine (s. Kapitel 4.1.7) und nicht auf der Teppichbodenoberfläche erzeugt und enthält daher nur geringe Wassermengen. Bürsten massieren den Schaum in den Belag ein. Je nach Feuchtigkeitsgehalt oder möglichen Trocknungszeiten läßt sich der schmutztragende Schaum direkt mit dem Wassersauger oder später nach ausreichendem Abtrocknen mit einem Staub-/Bürstsauger absaugen. Ein Begehen des Teppichbodens ist bis zur vollständigen Trocknung zu meiden.

Trockenschaum wird auch in Sprayform angeboten und für kleinere Schmutzflächen empfohlen, die man manuell bearbeitet.

Grundreinigung

Langfristig bleibt für textile Beläge bei großflächigen Verschmutzungen eine maschinelle Grundreinigung in Form einer Feucht- oder Naßreinigung unumgänglich. Vor jeder Grundreinigung ist zu prüfen, ob der Teppichboden sie auch verträgt.

Das ausgewählte Verfahren sollte nur eine geringe Durchnässung des textilen Gewebes mit sich bringen. Dadurch kann das Risiko eventueller Beschädigungen des Belages gering gehalten, vor allem aber die Trocknungszeit reduziert werden. Bei der

● vollflächige Verklebung	● wasserfeste Rückenbeschichtung
● geschlossene Nahtstellen	● wasserechte Farben
● wasserfester Kleber	● wasserfester Unterboden
● kein pflanzliches Trägermaterial	

Grundreinigung ist zu beachten, daß viele textile Beläge imprägniert sind; diese Imprägnierungen werden bei jeder Naßreinigung angegriffen und allmählich ganz aufgehoben. Dadurch erhöht sich die Anschmutzneigung erheblich.
Grundreinigungen von Teppichböden sind immer ziemlich aufwendig, da das Mobiliar des Raumes komplett ausgeräumt und gelagert werden muß, und die Fläche bis zum vollständigen Abtrocknen nicht begangen werden darf. Durch eine gewissenhafte Unterhalts- und Zwischenreinigung kann eine Grundreinigung längere Zeit hinausgeschoben werden.

Grundreinigungen werden immer maschinell nach dem **Shampoonier-** oder **Sprühextraktionsverfahren** (s. Kapitel 3.1.9 und 3.1.10) durchgeführt, wobei das zweite den besseren Reinigungserfolg erzielt. Beim Shampoonieren wird die Teppichbodenoberfläche – wie bei der Teilreinigung – mit Bürsten stark bearbeitet, das Naßshampoo wird einmassiert und anschließend zusammen mit dem Schmutz abgesaugt. Beim Sprühextrahieren gelangt die Reinigungsflüssigkeit über die Sprühdüse auf den textilen Belag, umspült die Fasern, löst den Schmutz ab und wird anschließend im gleichen Arbeitsgang von der Saugdüse zusammen mit dem Schmutz abgesaugt. Da die Flüssigkeit nur sehr kurze Zeit in dem Teppichboden bleibt und sehr intensiv wieder abgesaugt wird, durchnäßt der Belag kaum und trocknet schneller. Durch die hohe Saugleistung der Geräte können die Reinigungsmittelrückstände besser entfernt werden als beim reinen Shampoonieren.

Durch Kombination beider Verfahren läßt sich auch eine gute Reinigungsleistung erzielen. Zur Reinigung setzt man das Shampooniergerät ein und spült anschließend Schmutz und Shampoorückstände mit dem Sprühextraktionsgerät aus. In diesem Fall wird das Sprühextraktionsgerät nur mit klarem Wasser beschickt.

Entscheidet man sich für das Shampoonierverfahren, so muß nicht nur geprüft werden, ob der Boden eine Naßreinigung verträgt, sondern auch ob Faserart und Struktur des Oberflächengewebes der starken Beanspruchung durch rotierende Bürsten standhalten. Wollteppiche mit hohem, rustikal wirkendem Polgewebe oder Nadelfilzteppiche vertragen z.B. diese Beanspruchung meist nicht.

Über die normale Grundreinigung hinaus stellt sich für die betriebliche Praxis die Frage einer **„desinfizierenden Grundreinigung"** bei Teppichböden. Während nahezu alle Hartbeläge desinfizierend gereinigt werden können, ist das bei textilen Geweben problematisch. Die Naßreinigung kann zwar bei Bedarf mit Desinfektionsreinigern erfolgen, bringt aber nur einen begrenzten Erfolg. Außerdem ist zu berücksichtigen, daß mit sehr viel höheren Konzentrationen gearbeitet werden muß. Dadurch entsteht eine starke Geruchsbelästigung – verbunden mit eventuellem Allergierisiko für das Reinigungspersonal und die Bewohner oder Patienten. Außerdem bleibt der Teppichboden feucht/naß, was wiederum die Keimvermehrung fördern würde.

Manche Teppichböden sind antimikrobiell ausgerüstet. Diese Ausrüstung soll ein Keimwachstum verhindern, was aber bezüglich der Wirksamkeit sehr umstritten ist. Eine antimikrobielle Ausrüstung von Teppichböden ersetzt nicht die desinfizierende Feucht-/Naßreinigung.

Die **Pflegebehandlung** von Teppichböden besteht aus regelmäßigem Saugen oder Bürstsaugen, wodurch der Flor wieder aufgerichtet wird und ein gutes Aussehen bekommt.

Vorbereitung

- Mobiliar ausräumen
- untere Ränder von Türen, Wandverkleidungen und dergleichen bei Bedarf mit Klebeband schützen
- gegebenenfalls Fußbodenheizung abstellen
- Teppichboden gründlich saugen
- eventuell vorhandene Flecken entfernen
- maschinell nicht erreichbare Flächen manuell vorreinigen (Raumecken, Bereich hinter Heizungsrohren ...)
- Maschine ausrüsten und nach Anweisung mit Reinigungslösung beschicken

Reinigung

Die Reinigung beginnt gegenüber dem Raumausgang.
Sie kann nach zwei Verfahren erfolgen:

Shampoonieren

- Shampooniermaschine in leicht überlappenden Kreisen über den Boden führen
- Schaum mit dem Wassersauger absaugen
- Boden nach dem Trocknen mit Bürstsauger absaugen **oder**
- nach dem Shampoonieren mit der Sprühextraktionsmaschine ausspülen

Sprühextrahieren

Sprühextraktionsmaschine längs oder quer in leicht überlappenden Bahnen über den Boden führen

Trocknung

- Fläche bis zum vollständigen Abtrocknen nicht begehen

Abbildung 6.6   Ablauf einer Teppichboden-Grundreinigung

▶ *Die Unterhaltsreinigung eines textilen Belages geschieht durch Staub- und Bürstsaugen. Sie ist wenig arbeitsaufwendig.*

▶ *Bei der Zwischenreinigung eines textilen Belages werden Teilflächen gereinigt und Flecken entfernt. Die Fleckentfernung erfolgt in vier Phasen.*

▶ *Die Grundreinigung eines Teppichbodens geschieht durch Shampoonieren und Sprühextrahieren. Sie ist arbeitsaufwendig.*

❶ Welche Merkmale würden Sie einem unempfindlichen Teppichboden zuordnen?

❷ Welche Bedeutung hat das Teppichboden-Siegel für den Verbraucher?

❸ Vergleichen Sie das Shampoonierverfahren, das Sprühextraktionsverfahren und die Kombination beider unter folgenden Aspekten miteinander:
a) Zeitaufwand b) Reinigungswirkung c) kurzfristige Begehbarkeit

Die folgende Tabelle 6.2 gibt einen Überblick über Oberflächeneigenschaften und geeignete Reinigungs- und Pflegeverfahren der in den vorausgehenden Kapiteln besprochenen Fußbodenbeläge.

Tabelle 6.2	Oberflächeneigenschaften und geeignete Reinigungs-/Pflegeverfahren verschiedener Werkstoffe		
	Oberflächeneigenschaft aus Sicht der Reinigung	geeignete Reinigungsverfahren	geeignete Pflegeverfahren
Stein, geschlossen	• glatt oder rauh • strapazierfähig, dauerhaft • wasserfest • unempfindlich gegen Lösemittel • unempfindlich gegen Säuren und Alkali (Ausnahmen: polierte Kalksteinböden, Fugenmasse zwischen Fliesen) • unempfindlich gegen mechanische Einwirkungen (Ausnahmen: polierte Böden, glasierte Fliesen)	• Kehren • Saugen • Feuchtwischen (bei glatten Böden) • Naßwischen • Cleanern • Polieren	• Wischpflegemittel
Stein, porös	• rauh • strapazierfähig, dauerhaft • wasserfest • unempfindlich gegen Lösemittel und Säuren (Ausnahmen: Kalksteinböden, Fugenmasse zwischen Fliesen) • empfindlich gegen öl- und fetthaltige Verschmutzungen • unempfindlich gegen mechanische Einwirkungen	• Kehren • Saugen • Feuchtwischen (bei glatten Böden) • Naßwischen • Cleanern • Polieren	• Behandlung mit Schmierseife und Seifenreinigern • Imprägnieren, Wachsen
Holz, versiegelt	• glatt, geschlossen • strapazierfähig, dauerhaft • wasserfest in der Fläche, nicht an den Rändern • meist unempfindlich gegen Lösemittel, Säuren und Alkali, abhängig von der Versiegelung • empfindlich gegen mechanische Einwirkungen	• Kehren • Saugen, Saugbohnern • Feuchtwischen • Naßwischen • Cleanern • Polieren	• Wischpflegemittel

Fortsetzung	Oberflächeneigenschaften und geeignete Reinigungs-/Pflegeverfahren verschiedener Werkstoffe		
	Oberflächeneigenschaft aus Sicht der Reinigung	geeignete Reinigungsverfahren	geeignete Pflegeverfahren
Holz, unversiegelt	• porös • strapazierfähig, dauerhaft • empfindlich gegen Feuchtigkeit • unempfindlich gegen Lösemittel	• Kehren mit oder ohne Späne • Saugen, Saugbohnern • Feuchtwischen (selten) • Cleanern • Polieren	• Wachsen
Linoleum	• glatt, geschlossen • strapazierfähig, dauerhaft • wasserfest in der Fläche, nicht an den Rändern • unempfindlich gegen Lösemittel • empfindlich gegen Säuren und Alkali • empfindlich gegen starken Abrieb • lange Trocknungszeit	• Kehren • Saugen, Saugbohnern • Feuchtwischen • Naßwischen • Cleanern • Polieren	• Wischpflegemittel
Kunststoff/ PVC	• glatt, geschlossen • strapazierfähig, dauerhaft • wasserfest • empfindlich gegen Lösemittel • empfindlich gegen starke Säuren • unempfindlich gegen Alkali • unempfindlich gegen starken Abrieb • kurze Trocknungszeit	• Kehren • Saugen, Saugbohnern • Feuchtwischen • Naßwischen • Cleanern • Polieren	• Wischpflegemittel
Kork, versiegelt	• geschlossen, z.T. leichte Vertiefungen • strapazierfähig, dauerhaft • wasserfest • meist unempfindlich gegen Lösemittel, Säuren und Alkali, abhängig von der Versiegelung • empfindlich gegen starken Abrieb • widerstandsfähig gegen Mikroorganismen	• Kehren • Saugen, Saugbohnern • Feuchtwischen • Naßwischen • Cleanern • Polieren	• Wischpflegemittel
Kork, unversiegelt, gewachst	• porös, Vertiefungen unterschiedlicher Größe • wenig strapazierfähig, wenig dauerhaft • wasserfest in der Fläche, nicht an Fugen und Rändern • widerstandsfähig gegen Mikroorganismen	• Kehren • Saugen, Saugbohnern • Feuchtwischen (selten) • Cleanern • Polieren	• Wachsen

Fortsetzung	Oberflächeneigenschaften und geeignete Reinigungs-/Pflegeverfahren verschiedener Werkstoffe		
	Oberflächeneigenschaft aus Sicht der Reinigung	geeignete Reinigungsverfahren	geeignete Pflegeverfahren
Gummi/ Elastomere	• glatt, oder genoppt in verschiedenen Höhen, geschlossen • strapazierfähig, dauerhaft • wasserfest • empfindlich gegen Lösemittel, Säuren, Alkali, Fette (ohne Sonderbehandlung) • empfindlich gegen starken Abrieb	• Kehren • Saugen, Saugbohnern • Feuchtwischen • Naßwischen • Cleanern • Polieren	• Wischpflegemittel
Textilfasern	• unterschiedliche Strukturierung • strapazierfähig, abhängig von der Qualität • begrenzte Lebensdauer • empfindlich gegen Feuchtigkeit, abhängig von Faserart und Rückenkonstruktion • empfindlich gegen mechanische Einwirkungen, abhängig von der Qualität	• Saugen, Bürstsaugen • Detachieren • Shampoonieren • Sprühextrahieren	• regelmäßiges Saugen oder Bürstsaugen

6.2   Glas

Eigenschaften

Der Aufwand der Glasreinigung hängt von der **Oberflächenstruktur** des Glases und von der **Größe der Glasfläche** ab. Glatte Flächen können mit dem Wischer abgezogen, strukturierte (leicht unebene) müssen dagegen mit dem Leder behandelt werden. Strukturierte Scheiben sind daher im Haus nur dort einzuplanen, wo der Einblick in einen Raum unbedingt vermieden werden soll. Noch stärker bestimmt die Größe der Glasfläche den Aufwand der Reinigung. Auf Glasflächen, die mit Sprossen unterteilt sind, können arbeitserleichternde Geräte nicht eingesetzt werden. Jede kleine Fläche wird mit Schwamm und Leder gereinigt.

Reinigung von Glas

Zur **Unterhaltsreinigung** gebraucht man als Arbeitsmittel Einwascher oder Schwamm, Wischer, Leder, Poliertuch und einen Spezialeimer. Sind höhere Fenster zu reinigen, verwenden die Reinigungskräfte für Einwascher und Fensterwischer Teleskopstangen. Mit dem Einwascher wird die Glasfläche mit der Reinigungslösung eingewaschen, anschließend zieht man sie in waagerechten Bahnen und durchgehender Bewegung mit dem Wischer ab. Eventuell vorhandene Wassertropfen am Rand des Glases werden mit dem Leder beseitigt, ebenso wie Wasserspuren auf dem Rahmen. Bei Bedarf kann mit dem Poliertuch nachpoliert werden. Zuletzt reinigt man die Fensterbank. Bei kleinen Glasscheiben geht man in gleicher Weise vor, benutzt aber zum Einwaschen den Schwamm und zum Aufnehmen von Schmutz und Reinigungslösung das Fensterleder. Als Reinigungsmittel sind Allzweck-, Neutral- oder Alkoholreiniger geeignet.

Bei der Glasreinigung gibt es keine so deutliche Trennung von Unterhalts-, Zwischen- und Grundreinigung wie bei anderen Werkstoffen. Zur **Grundreinigung** von Glasflächen gehört in jedem Fall die Reinigung der Rahmen, die immer vor der eigentlichen Glasreinigung erfolgt. Sie werden zunächst von innen und dann von außen feucht abgeledert. Zur Grundreinigung gehört auch die Beseitigung von Farb- oder Lackresten, die sich z.B. nach Malerarbeiten auf den Glasscheiben befinden können. Diese Verschmutzungen werden mit der Klinge entfernt.

Als **Zwischenreinigung** kann die Beseitigung von Fingerabdrücken auf Glasflächen – speziell im Griffbereich von Türen – anfallen. Dieser Reinigungsvorgang erscheint in den Reinigungsplänen mit bei der laufenden Unterhaltsreinigung eines Raumes, z.B. bei Zwischentüren in Fluren. Die Fläche wird häufig für diese Zwischenreinigung mit Fensterreinigungsspray eingesprüht und mit fusselfreiem Lappen abgerieben. Bei Glasflächen ist es meist schwer möglich, Teilflächen zu reinigen, da Ränder bzw. Ansatzstellen sichtbar bleiben. Um bei Glastüren den Reinigungsaufwand möglichst gering zu halten, ist schon bei der Gebäudeplanung auf möglichst reinigungsfreundliche Glasflächen zu achten. Türen sollten im Griffbereich möglichst breite (ca. 30 cm) Unterteilungen aus Holz, Metall oder Kunststoff haben, damit ein Berühren der Glasfläche mit der Hand vermieden wird (s. Kapitel 8).

> ▶ *Die Glasreinigung wird manuell durchgeführt und ist zeit- und arbeitsaufwendig.*
> ▶ *Große, unstrukturierte Flächen können rationell mit speziellen Reinigungsgeräten gereinigt werden.*

❶ Erläutern Sie die Einflüsse, die den Aufwand der Glasreinigung bestimmen.

❷ Prüfen Sie in Ihrem Betrieb ausgewählte Glasflächen unter dem Aspekt des Reinigungsaufwandes.

6.3   Werkstoffe für Mobiliar und Einrichtungsgegenstände

Holz

Der Werkstoff Holz kann offenporig, versiegelt, lasiert oder lackiert sein. Alle **offenporigen Hölzer** können nur trocken abgestaubt werden. Verschmutzungen, die sich so nicht entfernen lassen – z.B. Fingerabdrücke – beseitigt man mit Möbelpolituren. Diese überdecken außerdem kleine Kratzer auf dem Holz und erzeugen einen leichten Schutzfilm, der eine gewisse schmutzabweisende Wirkung hat. Polituren sprüht man auf weiche Reinigungstücher auf und reibt damit die Holzfläche in Richtung der Maserung ab. Offenporige Hölzer dürfen weder feucht noch naß gereinigt werden, da Holz das Wasser aufnimmt und aufquillt. Außerdem hinterläßt Wasser auf dem Holz Ränder und Flecken. Da in hauswirtschaftlichen Betrieben mit höherem Schmutzaufkommen im Vergleich zum Privathaushalt zu rechnen und die notwendige Sorgfalt des Personals nicht immer gewährleistet ist, sind offenporige Hölzer für Einrichtungsgegenstände hier ungeeignet.

Versiegelte, lasierte oder lackierte Hölzer können dagegen bei Bedarf feucht mit einem Reinigungstuch gereinigt werden. Sind starke Verschmutzungen, vor allem aber fetthaltige zu entfernen, so wäscht man das Reinigungstuch in einer Reinigungslösung von Allzweck-, Neutral- oder Alkoholreiniger aus, wringt es aus und reibt die Fläche in Richtung der Maserung ab. Mit einem fusselfreien Tuch kann nachgetrocknet werden. Ist bei der Reinigung nur Staub zu entfernen, verzichtet man auf ein Reinigungsmittel und arbeitet mit klarem Wasser. Auch wenn die Poren dieser Hölzer geschlossen sind, darf Wasser nicht über längere Zeit einwirken (z.B. über mehrere Stunden), es würde die Holzfläche schädigen. Alle Hölzer mit geschlossener Oberfläche brauchen **keine Pflegebehandlung**.

Kunststoff

Diese Flächen können feucht oder naß gereinigt werden. Als Reinigungsmittel sind wiederum Allzweck-, Neutral- oder Alkoholreiniger zu empfehlen. Für sehr große Flächen – wie etwa Wandverkleidungen – setzt man die Geräte der Glasreinigung (Einwascher und Wischer) ein.

Metall

Einrichtungsgegenstände aus **Metall** sind meist lackiert. Dieser Werkstoff ist bei dem Mobiliar relativ selten anzutreffen, man verwendet ihn z.B. für Nachtschränke im klinischen Bereich oder für Regale in Lagerräumen. Auch hier wird feucht oder naß gereinigt mit Reinigungstuch und den bereits erwähnten Reinigungsmitteln. Für alle hochglänzenden Flächen sind Alkoholreiniger wegen ihrer streifenfreien Auftrocknung empfehlenswert.

Bei der Reinigung von Türen – egal aus welchem Werkstoff – sind die Scharniere besonders zu beachten. Sie weisen häufig Verschmutzungen durch Schmieröl/-fett auf und müssen mit einem Reinigungstuch gesondert gereinigt werden, damit diese Verschmutzungen nicht auf das Türblatt oder den Türrahmen übertragen werden.

▶ *Offenporige Hölzer werden trocken, geschlossene Hölzer feucht gereinigt.*
▶ *Einrichtungsgegenstände aus Kunststoff oder Metall reinigt man feucht oder naß mit mildem Reinigungsmittel.*
▶ *Eine Pflegebehandlung ist nur bei offenporigen Hölzern notwendig.*

● Ermitteln Sie in Ihrem Betrieb die für Einrichtungsgegenstände verwendeten Werkstoffe. Ordnen Sie ihnen die empfehlenswerten Reinigungs- und eventuellen Pflegemaßnahmen zu.

6.4   Heimtextilien

Die Reinigung und Pflege von Teppichen soll hier nicht weiter besprochen werden, sie ist weitgehend gleichzusetzen mit der Behandlung textiler Fußbodenbeläge (s. Kapitel 6.1.7).

Gardinen

Der Reinigungs- und Pflegeaufwand von **Gardinen** hängt neben der Art der Dekoration stark von den ausgewählten Materialien ab. Die Gardinen sollten nach Möglichkeit so dekoriert sein, daß sie mit wenigen Arbeitsschritten aufzuhängen bzw. abzunehmen sind. Mit Blick auf die Folgekosten ist zu prüfen, ob Stores und Übergardinen notwendig sind oder ob man auf eins von beiden verzichten kann.

Für **Stores** werden heute im Betrieb ausschließlich pflegeleichte Qualitäten gewählt. Sie sind in der Waschmaschine mit einem kurzen Schonwaschprogramm bei einer Temperatur von 30–40 °C zu waschen. Die Waschflotte sollte ausreichend groß sein, um eine Knitterbildung zu verhindern: Jeweils 12 m² Stores auf 5 kg Fassungsvermögen der Waschmaschine lautet die Empfehlung der Gardinenhersteller. Viele Materialien können leicht angeschleudert und sofort feucht aufgehängt werden (Herstellerhinweise beachten!). Ein Glätten durch Bügeln oder Mangeln entfällt.

Das Knittern der Stores wird dadurch verhindert, daß sie möglichst erst kurz vor der Wäsche abgenommen, vor allem aber direkt nach dem Waschvorgang wieder aufgehängt werden. Im Betrieb ist diese Forderung aus organisatorischen Gründen nicht immer zu verwirklichen, vor allem dann nicht, wenn die Gardinenwäsche außer Haus erfolgt.

Beim Kauf der Stores sind Materialien mit eingewebtem Bleiband zu bevorzugen, dieses braucht beim Waschvorgang nicht entfernt zu werden. Hat der ausgewählte Gardinenstoff eine feine Struktur, so können die Gardinenröllchen mitgewaschen werden, ohne daß man mit Ziehfäden rechnen muß. Bei groben Stoffen gibt man deshalb den oberen Teil des Stores in ein Wäschenetz, um Beschädigungen zu verhindern.

Das Angebot an Materialien für **Übergardinen** ist sehr viel umfangreicher als für Stores. Hier ist beim Kauf zu beachten, daß viele Stoffe chemisch gereinigt werden müssen, was hohe Kosten mit sich bringt. Waschbare Textilien sind daher vorzuziehen. Vorhänge aus pflegeleichten Synthetikfasern werden ebenso gewaschen wie die Stores und ohne Bügeln in noch feuchtem Zustand aufgehängt. Hierbei ist allerdings zu beachten, daß diese Fasern den Schmutz eher anziehen als Naturfasern und eventuell häufiger gewaschen werden müssen. Übergardinen aus Baumwolle, Halbleinen oder Leinen wäscht man ebenfalls mit einem Schonprogramm bei 30 - 40 °C. Diese Materialien müssen geglättet werden. Mangeln ist jedoch nur möglich, wenn die Gardinenröllchen entfernt sind (Arbeitsaufwand!).
Übergardinen können auch im Rahmen einer Zwischenreinigung mit Staubsauger und aufgesetzter Polsterbürste abgesaugt werden. Damit kann man das aufwendige Waschen oder Reinigen hinausschieben und Kosten sparen.

Viele Betriebe bevorzugen heute an Stelle von textilen Gardinen Jalousetten aus abwaschbarem Synthetikmaterial. Diese sind in verschiedenen Farben und Strukturen erhältlich, ihre Reinigung geschieht durch Abreiben mit einer milden Reinigungslösung und einem Reinigungstuch. Jalousetten muß man sehr viel seltener reinigen als Gardinen, da der Schmutz nicht in Fasern einziehen kann.

Zur Reinigung der Gardinen gehört auch die Reinigung der Gardinenleiste und der Gardinenstangen. Sie werden mit einem Reinigungstuch und einer Reinigungslösung von Allzweck- oder Neutralreiniger feucht abgewischt.

Polster
Sie sind auf Stühlen, Einzelsesseln oder Sitzgruppen zu finden. Während Stühle nur aufgepolsterte Sitzflächen und eventuell Rückenlehnen haben, können Sessel oder Sitzgruppen sowohl aus Vollpolsterungen bestehen als auch aus Gestellen verschiedener Materialien (z.B. Holz, Korb, Metall), in denen lose oder verankert Polster liegen. Die Gestelle werden je nach Material abgestaubt oder feucht mit einem Reinigungsvlies abgewischt. Art und Aufwand der Reinigung der Polsterflächen hängen von der Materialbeschaffenheit der Aufpolsterung und des Polsterüberzuges ab.

Bei der Unterhaltsreinigung werden Polster aus wasserfestem Kunststoffmaterial feucht oder naß abgerieben, alle textilen Bezüge werden abgesaugt. Die Grundreinigung ist in jedem Fall mit einer Naßreinigung verbunden, wobei wasserfeste Bezüge – häufig bei einfacher Bestuhlung von Speiseräumen zu finden – unproblematisch sind. Die wohnlicher wirkenden textilen Bezüge sind dagegen deutlich aufwendiger in der Reinigung. Hat man sich beim Kauf der Bestuhlung für abnehmbare Bezüge entschieden, so können diese je nach Materialart gewaschen oder chemisch gereingt werden. Alle festsitzenden Polsterüberzüge müssen direkt auf dem Möbelstück behandelt werden. Hier ist zunächst die Art der Aufpolsterung und damit ihre Feuchtigkeitsreaktion zu prüfen. Besteht die Aufpolsterung aus Naturfasern (z.B. Kokos, Sisal, Roßhaar), so kommt es durch Feuchtigkeit zu Farbveränderungen und Verfleckungen des textilen Bezuges. Wasserfeste Aufpolsterungen aus Latex oder ähnlichen Materialien erlauben eine Reinigung der Bezüge manuell nach dem Shampoonier- oder maschinell nach dem Sprühextraktionsverfahren (s. Kapitel 3.2.4 und 3.2.5).

Es gibt heute bereits textile Bezüge, die auf der Rückseite mit einer wasserundurchlässigen und urinfesten Kunststoffolie beschichtet sind. So bleibt der wohnliche Charakter durch textile Materialien erhalten, der Reinigungsaufwand ist aber dennoch vertretbar. Manche Hersteller bieten bei starken Verunreinigungen von Stuhlpolstern den Austausch der gesamten Sitzfläche an. In Häusern mit inkontinenten Patienten (Patienten mit Blasen- oder Darmstörungen) sind diese Überlegungen angebracht.

Aus Sicht der Reinigung sind dunkle, gemusterte oder melierte Polsterbezüge vorzuziehen, da sich Verschmutzungen und eventuell bei der Reinigung zurückbleibende Ränder nicht so leicht erkennen lassen.

▶ *Stores werden in der Waschmaschine mit einem Schonwaschgang gewaschen.*
▶ *Die Reinigung von Übergardinen ist stark materialabhängig. Waschbare Qualitäten sind zu bevorzugen.*
▶ *Bei der Unterhaltsreinigung werden wasserfeste Polster feucht oder naß abgewischt, textile Polster abgesaugt. Eine Naßreinigung von textilen Polstern ist nur bei wasserfester Aufpolsterung möglich. Die Naßreinigung geschieht durch Shampoonieren oder Sprühextrahieren.*

---

❶ Prüfen Sie in Ihrem Betrieb den Reinigungsaufwand der vorhandenen Gardinen. Machen Sie gegebenenfalls Verbesserungsvorschläge.

❷ Welche Empfehlungen würden Sie aus Sicht der Reinigung geben zur Auswahl von Polstermöbeln in Eßräumen und Sitzecken für ein Altersheim, eine Kurklinik und ein Jugendfreizeitheim? Begründen Sie Ihre Empfehlungen.

7 Abfall

Abfall bringt immer eine Belastung der Umwelt mit sich, durch den Verbrauch von nicht regenerierbaren Rohstoffen, durch einen hohen Energieverbrauch bei Herstellungsprozessen und durch die anschließende Entsorgung. **Ziele** einer geordneten **Abfallwirtschaft** müssen daher sein:

1. *Abfall vermeiden*

2. *Nicht vermeidbare Abfälle verringern*

3. *Nicht vermeidbare Abfälle verwerten = Wertstoffsammlung*

4. *Nicht verwertbare Abfälle gefahrlos beseitigen*

7.1 Abfallvermeidung / Abfallverminderung

Die **Abfallvermeidung** hat die höchste Priorität. Abfall, der gar nicht erst entsteht, bereitet keine Probleme! Abfallvermeidung beginnt bei der Beschaffung der Gebrauchs- und vor allem der Verbrauchsgüter, weil man mit der Kaufentscheidung für ein bestimmtes Produkt die anfallende Abfallmenge und die Art des Abfalls festlegt. Jede Abteilung in einem Betrieb sollte dies bei der Warenbestellung berücksichtigen. Hier ist in erster Linie die Vermeidung von **Einmal-/Einwegprodukten** angesprochen.

Einmal-/Einwegprodukte
Im **Krankenhaus** fällt aus dem medizinischen und pflegerischen Bereich eine große Menge an Einmalprodukten an (OP-Kleidung, OP-Abdecktücher, Patientenwäsche, Handschuhe Schläuche, Kanülen, Flaschen, ...), die sich sicher auch nicht alle vermeiden lassen. Hier liegt die Entscheidung für oder gegen die Verwendung von Einmalmaterialien nicht in der Hand der Abteilung Hauswirtschaft. Mit Sammlung, Transport und Aufbewahrung im Haus kommt aber das hauswirtschaftliche Personal in Berührung.

In **Pflegeheimen** und **Behinderteneinrichtungen** werden für die Inkontinentenversorgung (Patienten mit Blasen- und Darmstörungen) häufig erhebliche Mengen an Einmalprodukten eingesetzt, z.B. Windeln, Unterlagen und Waschlappen. Alle Produkte sind aber auch als waschbare Textilien zu beziehen und tragen dann erheblich zur Abfallvermeidung bei.

Für den **Verpflegungsbereich** bietet die Industrie ebenfalls vieles als Einwegprodukte an; dazu gehören Tischdecken, Platzdeckchen, Servietten, Bestecke, Geschirr, Tassen, Becher, usw. Alle diese Gegenstände – eventuell abgesehen von Servietten – sollten nur als Mehrwegprodukt verwendet werden. Auch Getränke aus Getränkeautomaten kann man in eigene Becher oder Pfandbecher aus Porzellan oder in entsprechende Gläser abfüllen.

Einmalprodukte setzt man bei **Reinigungsarbeiten** seltener ein, das können z.B. Feuchtwischtücher, Müllbeutel oder Handschuhe sein. Auf die Tücher kann zugunsten von waschbaren Feuchtwischbezügen verzichtet werden, was bei Müllbeuteln aus Hygienegründen und Gründen der Keimübertragung nicht immer möglich ist. Einmalhandschuhe lassen sich in zahlreichen Fällen auch durch Mehrwegprodukte ersetzen. Anstelle von Papierhandtüchern können Handtuchrollen verwendet werden, die zudem noch hautfreundlicher sind.

Verpackung

Die Abfallvermeidung bezieht sich weiter auf die **Verpackung**. Wo immer es möglich ist, sollte auf **unverpackte Ware** zurückgegriffen werden. Auch wenn ein Produkt meist nicht ohne Verpackung angeboten werden kann, ist häufig eine Um- oder Transportverpackung überflüssig oder kann zumindest eingeschränkt werden. Auch auf **Portionspackungen** sollte man zur Abfallreduzierung verzichten. Im Verpflegungsbereich haben diese bei Marmelade, Zucker, Süßstoff, Salz, Pfeffer, Senf, Knäcke-, Schwarzbrot und anderen Produkten lange Zeit einen erheblichen Umfang ausgemacht. Reinigungsmittel müssen nicht zur besseren Dosierbarkeit in einzelnen Dosierbeuteln oder -tabletten angeboten werden, hier gibt es wiederverwendbare Dosierhilfen.

Mehrwegverpackungen leisten einen wichtigen Beitrag zur Abfallvermeidung. Sämtliche abgefüllten Getränke, die in Kantinen oder Automaten zu kaufen sind, sollten nur in Pfandflaschen angeboten werden. Viele Lebensmittel sind heute ebenfalls in Mehrwegbehältern verpackt. Das gleiche gilt für Reinigungsmittel. Auch wenn Mehrwegverpackungen gereinigt werden müssen und somit die Umwelt durch den Wasser- und Reinigungsmittelverbrauch belasten, sind sie immer den Einwegprodukten vorzuziehen, da keine Ressourcen (Rohstoffreserven) der Natur verlorengehen.

Nach der Verpackungsverordnung (VerpVO) ist der Hersteller verpflichtet, Transport- und Umverpackungen zurückzunehmen. So kann der Betrieb selbst seinen Abfall vermindern. Bei den Verpackungen, die nicht zu vermeiden sind, sollten umweltfreundliche Alternativen ausgewählt werden. Nach Möglichkeit ist auf Alufolie zu verzichten, um Rohstoffe zu schonen. Sofern der Gebrauch von Einmalpapier unumgänglich ist, sollte man Umweltschutzpapier bevorzugen. Eine weitere Alternative können chlorfrei gebleichte Papierwaren sein. Alle Verpackungen sind so auszuwählen, daß ihre Entsorgung problemlos ist. Damit wird zwar die Abfallmenge nicht reduziert, aber die Umweltbelastung verringert.

> ► *Die Abfallvermeidung muß im gesamten Abfallkonzept an erster Stelle stehen. Der Verzicht auf Einmalprodukte und überflüssige Verpackungen trägt zur Abfallvermeidung bei.*

7.2   Wertstoffsortierung / Wertstoffsammlung

Abfälle, die sich nicht vermeiden lassen, sind auf ihre Wieder- und Weiterverwertbarkeit zu prüfen. In ihnen sind viele Sekundärrohstoffe enthalten, die in den Wirtschaftskreislauf zurückgeführt werden können. Man spricht daher von einer **Wertstoffsammlung.**

Um Abfälle tatsächlich in Wertstoffe umzuwandeln, muß eine möglichst sortenreine Sortierung und Sammlung gewährleistet sein. Die Industrie bietet heute zahlreiche Wertstoffsammelsysteme an, die dem individuellen Abfallaufkommen eines Betriebes – bis hin zu den einzelnen Stations- und Funktionsbereichen – gerecht werden. Dabei ist zu beachten, daß der Abfall immer dort sortiert werden muß, wo er anfällt. Eine nachträgliche Sortierung ist aus ökonomischen Gründen nicht vertretbar und z.T. aus hygienischen Gründen (z.B. im Krankenhaus) nicht zulässig. Alle in einem Betrieb anfallenden Sondermüllarten müssen getrennt gesammelt und der vorgeschriebenen Entsorgung zugeführt werden (s. Kapitel 7.3).

Bevor man sich im Haus für ein bestimmtes Sammelsystem entscheidet, sind die unterschiedlichen Abfallarten zusammenzustellen. Für die einzelnen Wertstoffgruppen muß abschließend eine getrennte Entsorgung sichergestellt sein, ansonsten wäre eine Sortierung und Sammlung sinnlos.

Ein Wertstoffsammelsystem sollte folgende <u>Anforderungen</u> erfüllen:

- *individuell zusammenstellbar, ausbaufähig*
- *kompakt, platzsparend (gegebenenfalls unter Arbeitsflächen)*
- *eindeutig farblich gekennzeichnet (nach europäischer Codierempfehlung für Wertstoffe)*
- *gegebenenfalls fahrbar, kippsicher*
- *aus qualitativ hochwertigen, reinigungsfreundlichen Werkstoffen hergestellt*

Ein solches Wertstoffsortier- und -sammelsystem ist nur dann effizient, wenn die Sortierung eindeutig und für jeden klar erkennbar ist, die zeitliche Belastung des Personals gering bleibt und der Weg vom Ort der Verursachung bis zur Entsorgung lückenlos ist:

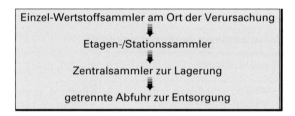

Einzelsammler

Etagensammler

Zentralsammler

Abbildung 7.1   Wertstoffsammelsysteme

Viele Betriebe setzen Abfallpressen ein, um das Abfallvolumen und damit die Abfuhrkosten zu verringern.

Aus organisatorischer Sicht ist zu überlegen, die Wertstoffsammlung aus der täglichen Unterhaltsreinigung herauszunehmen und mit einem speziellen fahrbaren Etagensammler durchzuführen. Erfolgt die Sammlung über den normalen Reinigungswagen, so sind die Differenzierungsmöglichkeiten meist begrenzt.

> ▶ *Wertstoffe sind alle Stoffe, die einer Verwertung zugeführt werden können. Sie sind getrennt zu sammeln.*

7.3   Abfallentsorgung

Nachdem Abfälle getrennt gesammelt sind, müssen sie entsorgt werden, wobei die Abfallart den möglichen Entsorgungsweg bestimmt.

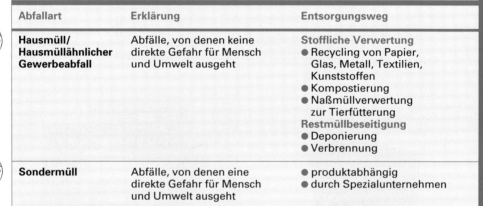

Tabelle 7.1   Die Abfallart bestimmt den Entsorgungsweg

Abfallart	Erklärung	Entsorgungsweg
Hausmüll/ Hausmüllähnlicher Gewerbeabfall	Abfälle, von denen keine direkte Gefahr für Mensch und Umwelt ausgeht	**Stoffliche Verwertung** • Recycling von Papier, Glas, Metall, Textilien, Kunststoffen • Kompostierung • Naßmüllverwertung zur Tierfütterung **Restmüllbeseitigung** • Deponierung • Verbrennung
Sondermüll	Abfälle, von denen eine direkte Gefahr für Mensch und Umwelt ausgeht	• produktabhängig • durch Spezialunternehmen

Unter **Hausmüll** und **hausmüllähnlichem Gewerbeabfall** versteht man alle festen Abfälle aus dem privaten Haushalt, aus Kantinen, Anstalten, Heimen, Krankenhäusern (Abfälle der Gruppe A, s.u.), Hotels, Gaststätten usw.. Von ihnen geht keine direkte Gefahr für Mensch und Umwelt aus. Alle Wertstoffe werden einem getrennten Entsorgungsweg zugeführt, alle nicht wiederverwertbaren Stoffe gelangen als Restmüll auf Deponien oder in Müllverbrennungsanlagen.

Papier wird heute in großem Umfang gesammelt und zu Recyclingpapier, Verpackungen, Dämmstoffen, Faserplatten u.a. verarbeitet. Der Vorteil liegt hier in der Einsparung von Wasser, Energie, Holz – und damit in einer Schonung der Wälder. Der bei der Waldpflege anfallende Holzschnitt oder Holzbruch reicht nämlich nicht aus, so daß für die Papierherstellung immer Bäume gefällt werden müssen.

Altglas kann ebenfalls wieder in den Wirtschaftskreislauf eingefügt werden und zur Herstellung von einfachem Gebrauchsglas (z.B. Glasbehälter) dienen. Auch wenn z. Zt. die Rohstoffe für die Glasherstellung nicht knapp sind, kann durch die Beimischung von Altglas bei der Glasherstellung der Schmelzpunkt der Rohstoffe gesenkt werden. Dadurch sind erhebliche Energiemengen einzusparen. Für den Verwertungsprozeß ist es wichtig, daß Altglas möglichst frei von störenden Beimengungen wie Keramik, Metall oder Kunststoff ist. Bei Glas ist ein endloser Verwertungskreislauf möglich, da aus Altglas immer wieder Glas hergestellt werden kann.

Im Haushalt anfallende wiederverwertbare **Metalle** sind in erster Linie Aluminium und Eisenblech. Aluminium fällt in vielfältiger Form an, z.B. als Folien, Abreißdeckel oder Portionspackungen. Eisenblech stammt zum größten Teil aus Getränke- oder Konservendosen. Diese Rohstoffe werden eingeschmolzen und zur Herstellung neuer Produkte eingesetzt.

Textilien können zu Futter- oder Dämmstoffen für bestimmte Verpackungen oder zur Herstellung minderwertiger textiler Produkte (z.B. Transportdecken) eingesetzt werden.

Von allen Wertstoffen bereitet das Recyceln von **Kunststoffen** die größten Schwierigkeiten. Es handelt sich um Produkte unterschiedlicher Zusammensetzung, die aber für den Laien nicht erkennbar ist und somit eine sortenreine Sammlung ausschließt. Weiterhin werden Kunststoffe häufig zu Verbundmaterialien verarbeitet, d.h. man kombiniert verschiedene Kunststoffarten miteinander oder verbindet sie mit Papier, Pappe oder Metall. Eine Trennung dieser Stoffe ist technisch kaum möglich, eine Verwertung damit ausgeschlossen. Werden Kunststoffe einem Recyclingverfahren zugeführt, so ist in der Regel nur eine einmalige Weiterverarbeitung zu einem Produkt minderwertiger Qualität möglich (Füllmaterial, Blumentöpfe, Gartenbänke). Ein endloser Wertstoffkreislauf, wie er bei einer konsequenten Sammlung bei Glas oder Metall möglich ist, besteht für Kunststoffe nicht. Bei ihrer Entsorgung in einer Müllverbrennungsanlage können zahlreiche Kunststoffarten Probleme bereiten (s.u.). Auf einer Deponie verrotten Kunststoffe nur schwer oder gar nicht.

Organische Abfälle, die in fast allen hauswirtschaftlichen Betrieben anfallen, können zu **Kompost** verarbeitet werden. Dazu gehören z.B. Kartoffel- oder Eierschalen, Gemüsereste, Inhalte von Kaffee- oder Teefiltern einschließlich enthaltener Papiere, Blumen und dergleichen. Viele Gemeinden bieten eine getrennte Sammlung dieser Stoffe an, um sie einer Kompostierungsanlage zuzuführen.

Eine **Naßmüllverwertung** (d.h. Verwertung von Speiseabfällen) wird nur in relativ wenigen hauswirtschaftlichen Betrieben durchgeführt. Landwirte holen die Speisereste ab und verwenden sie zur Schweinemast. Der technische und finanzielle Aufwand ist allerdings hoch, um die gesetzlichen Auflagen zu erfüllen. Der Naßmüll muß vor der Verfütterung bei hohen Temperaturen (Verfahren ist von der zuständigen lokalen Behörde vorgeschrieben) erhitzt werden, um eine Übertragung von Krankheitskeimen auszuschließen.

Restmüll, d.h. Abfall, der keiner stofflichen Verwertung zugeführt werden kann, gelangt auf Deponien oder in Müllverbrennungsanlagen. Beide Wege können Probleme mit sich bringen. Bei einer Deponie muß der Grund ausreichend abgedichtet sein, um eine Gefährdung des Grundwassers auszuschließen. Sie verbrauchen Landschaft und können zu einer Lärm- und Geruchsbelästigung der Umgebung führen. Müllverbrennungsanlagen gefährden die Umwelt und den Menschen durch Abgase, Abwässer und Stäube, in denen Schadstoffe enthalten sein können. Hier ist vor allem der Kunststoff PVC (Polyvinylchlorid) zu nennen, der cadmiumhaltige Stäube und giftige Organochlorverbindungen bei der Verbrennung abgibt. Die Kunststoffe PE (Polyethylen) und PP (Polypropylen) sind in ihrer Entsorgung unproblematisch.

Als **Sondermüll** bezeichnet man alle Abfälle, von denen eine direkte Gefahr für Mensch und Umwelt ausgehen kann. Ihre Entsorgung ist abhängig von der Art des Produktes, sie ist überwachungs- und nachweispflichtig. In hauswirtschaftlichen Betrieben kann Sondermüll bei der Reinigung anfallen, wenn z.B. gefahrstoffhaltige Reiniger oder damit getränkte Textilien entsorgt werden müssen. Von **Krankenhausabfällen** kann ebenfalls eine Gefährdung ausgehen. Man teilt hier die Abfälle entsprechend ihrer Infektionsgefahr in drei Gruppen ein. **A-Abfälle** sind hausmüllähnliche Abfälle, die keiner besonderen Maßnahme der Infektionsverhütung bedürfen. An die **B-Abfälle** (z.B. Wundverbände, Kanülen, Stuhlwindeln) werden besondere Anforderungen beim Transport innerhalb des Hauses gestellt, um eine Infektion auszuschließen. Die **C-Abfälle** (z.B. Abfälle aus Dialyse- und Infektionsstationen) gehören zum Infektionsmüll und sind als Sondermüll zu entsorgen. Von ihnen geht sowohl innerhalb als auch außerhalb des Krankenhauses eine Gefährdung aus. Sie müssen desinfiziert, sterilisiert oder verbrannt werden.

> ▶ *Hausmüll und hausmüllähnlicher Gewerbeabfall ist bei seiner Entsorgung unproblematisch.*
> ▶ *Von Sondermüll geht eine Gefährdung von Mensch und Umwelt aus. Es gelten Sonderbestimmungen für die Entsorgung.*

❶ Welche Wertstoffe werden in Ihrem Betrieb gesammelt und einer Verwertung zugeführt? Sehen Sie weitere Verwertungsmöglichkeiten?

❷ Die Entsorgung von Naßmüll kann Probleme mit sich bringen. Diskutieren Sie diese.

8   Voraussetzungen für rationelles Reinigen

Jede **Planung** von Neu-, Erweiterungs- und Umbauten eines Betriebes sollte auch unter **reinigungstechnischen Aspekten** erfolgen. Leider stehen häufig allein ästhetische und funktionelle Überlegungen der Planer im Vordergrund. Nur eine in bezug auf die Reinigung optimale Grundrißgestaltung, überlegte Auswahl der Werkstoffe, sowie durchdachte Wahl von Formen und Farben der Einrichtungsgegenstände im Gebäude gewährleisten, daß eine **rationelle,** auf lange Sicht **kostengünstige Gebäudereinigung** möglich ist. Darüber hinaus müssen selbstverständlich die einschlägigen Rechtsvorschriften wie z.B. die Krankenhausbauverordnung (KhBauVO) und die Unfallverhütungsvorschriften (UVV) beachtet werden.

Gezielte Planung schafft die Voraussetzung für

- *Steigerung der Reinigungsleistung*
- *Senkung der Reinigungskosten*
- *Werterhaltung der vorhandenen Werkstoffe*
- *Verbesserung des Hygienestandards des Reinigungsobjektes*

Die nachfolgenden **Checklisten** zeigen die **wichtigsten Überlegungen** aus Sicht der Gebäudereinigung bei allen baulichen Veränderungen und bei allen Einrichtungen.

8.1   Anforderungen an den Grundriß

Ein reinigungsfreundlicher Grundriß läßt sich nur bei Neu- oder Umbauten verwirklichen; nachträgliche Veränderungen sind meist nicht mehr möglich.

Checkliste zur rationellen Reinigung

- ❑ Alle Etagen eines Hauses müssen mit dem **Fahrstuhl** erreichbar sein, da eine Reinigungsmaschine oft in mehreren Stockwerken genutzt wird. Das ist vor allem bei miteinander verbundenen Neu- und Altbauten zu berücksichtigen.

- ❑ Innerhalb der Etagen sind **Zwischenstufen** zu meiden, sie erschweren den Transport von Reinigungsmaschinen und -wagen.

- ❑ Im gesamten Haus sollten **Podeste** (z.B. in Fluren) nicht eingeplant werden, da sie die kontinuierliche Reinigung des Fußbodens unterbrechen und meist nicht maschinell gereinigt werden können.

- ❑ **„Tote" Ecken und Nischen** erschweren den Einsatz von Reinigungsmaschinen oder machen ihn unmöglich (z.B. Nischen unter Treppen, Heizungsnischen o.ä.).

„Tote Ecke"

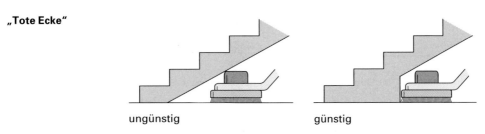

ungünstig   günstig

Abbildung 8.1   Vergleich von Grundrißgestaltungen

Heizungseinbau

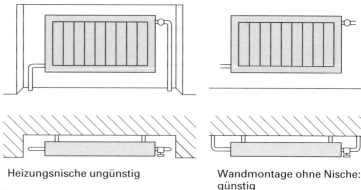

Heizungsnische ungünstig

Wandmontage ohne Nische: günstig

Vergleich von Grundrißgestaltungen

❑ **Pfeiler** beeinträchtigen die Kabelführung von Reinigungsmaschinen und den kontinuierlichen Ablauf der manuellen Reinigung. Sie sind deshalb nur dort einzuplanen, wo sie aus statischen Gründen notwendig sind.

❑ Die **Türöffnungen** sämtlicher Räume müssen so breit sein, daß alle Reinigungsmaschinen hindurchpassen. Das gilt auch für Bäder, WC-Anlagen und vor allem für Putzräume. Wünschenswert ist eine Breite von mindestens 90 cm.

8.2 Anforderungen an Verkehrsflächen

Zu den Verkehrsflächen in einem Gebäude zählen der Eingangsbereich, alle Flure – eventuell mit Aufenthaltsecken – und Treppen.

Checkliste zur rationellen Reinigung

❑ Forderungen zur Kostensenkung bei der Gebäudeinnenreinigung beginnen bereits vor dem Haus! **Befestigte Gehwege, überdachte Eingangsbereiche** und **eingelassene, ausreichend breite und tiefe Fußroste** verringern den Schmutzeintrag in das Gebäude.

❑ Eine **Schmutzschleuse** (Schmutzfangläufer) über die volle Breite des Eingangsbereichs, die mindestens 5 Schritte begangen wird, nimmt den größten Teil des eingetragenen Schmutzes auf.

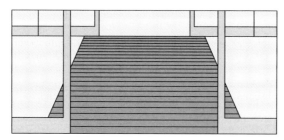

Abbildung 8.2   Schmutzschleuse über die volle Breite des Eingangsbereichs

❑ Die Reinigung der **Fahrstühle** wird durch **auswechselbare Schmutzfangläufer** erleichtert.

❑ **Schmutzfangläufer** vor **Getränkeautomaten** nehmen Schmutz in großem Umfang auf und verringern gleichzeitig die Rutschgefahr.

❑ **Papierkörbe** und **Aschenbecher** in Eingangshallen, Aufenthaltsecken und besonders vor Fahrstühlen verringern bei ausreichender Zahl die Menge an Grobschmutz auf dem Fußboden.

❑ Unter **wandhängenden Papierkörben, Aschenbechern** und **Schirmständern** können Reinigungsgeräte und vor allem Reinigungsmaschinen problemlos entlanggeführt werden, wenn sie in **ausreichender Bodenhöhe** montiert wurden. Sind diese Gegenstände freistehend, müssen sie bei jedem Reinigungsvorgang zur Seite geräumt werden.

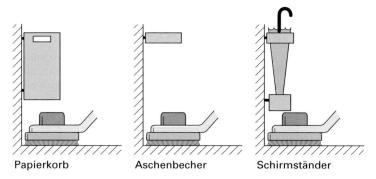

| Papierkorb | Aschenbecher | Schirmständer |

Abbildung 8.3   Wandhängende Befestigung von Einrichtungsgegenständen

❑ Für **Treppen** sind leicht zu reinigende und zu pflegende Beläge auszusuchen, da sie stark strapaziert und immer manuell gereinigt werden (außer bei textilen Belägen). Steinböden sind hier am besten geeignet. Kombinierte Fußbodenbeläge (z.B.Holzstufen mit Teppich/-fliesen) erfordern zwei verschiedene Reinigungsverfahren und sind daher reinigungsaufwendig.

❑ Die **Treppenwangen** (Seitenfläche der Treppenstufen) müssen unempfindlich, leicht zu reinigen und gut erreichbar sein, da sie bei einer Naßreinigung häufig mit verschmutzen.

❑ **Treppengelände**r sollten seitlich neben den Treppenstufen montiert sein, um deren durchgehende Reinigung zu ermöglichen.

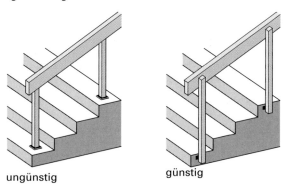

ungünstig   günstig

Abbildung 8.4   Treppengeländer

❑ **Treppengeländer** sollten glattflächig, schlicht und ohne „Staubfänger" konstruiert sein. Waagerecht verlaufende Konstruktionsteile lassen den Schmutz aufliegen.

❑ **Verkleidungen** am Treppengeländer aus Sicherheitsglas sind reinigungsaufwendig, da man Flecken und Fingerabdrücke sofort erkennen kann.

8.3   Anforderungen an Fußböden und Fußbodenbeläge

Reinigung und Pflege der Fußböden macht in den Betrieben etwa die Hälfte der Reinigungskosten aus. Erhebliche Kosteneinsparungen können durch richtige Belagsart, Farbe oder Struktur der Böden erzielt werden. Ästhetische Überlegungen sollten daher hinter praktischen zurückstehen.

Checkliste zur rationellen Reinigung

❑ Fußböden sollten **keine Erhöhungen** aufweisen, die von Wischgeräten oder Reinigungsmaschinen umfahren werden müssen (z.B. Türstopper oder Türfeststeller).

❑ Die **Belagsart** der Fußböden in einem Betrieb ist insgesamt so einheitlich wie möglich zu wählen. Verschiedene Beläge erfordern unterschiedliche oder wechselnde Reinigungsverfahren.

❑ Hartbeläge (z.B. Stein, Holz, PVC) mit glatter, **geschlossener Oberfläche** sind leichter zu reinigen als solche mit rauher oder offenporiger Oberfläche.

❑ **Einfarbige Böden** (hell oder dunkel) zeigen eher den Schmutz, melierte oder gemusterte Beläge „tarnen" ihn. Das gilt für Hart- und Textilbeläge.

❑ **Hochglänzende Beläge** sind aufwendiger in der Reinigung als matte und lassen Schmutz ebenfalls eher erkennen.

❑ **Fußleisten** sollten mindestens 7 cm hoch sein, damit die Wände durch Reinigungsmaschinen oder -geräte nicht beschädigt oder beschmutzt werden.

❑ Das **Material der Fußleisten** muß Wasser und Reinigungsmittel vertragen. PVC und Stein sind als Material problemlos, Holz muß wasserfest behandelt und an den Wänden fest verschraubt sein (nicht verklebt).

8.4 Anforderungen an Sanitäreinrichtungen

Sanitäranlagen werden in fast jedem Betrieb täglich naßgereinigt. Sie gehören damit zu den Räumen mit den relativ höchsten Reinigungskosten – abgesehen von Sonderräumen im Krankenhaus (z.B. Intensiv- oder OP-Station). Deshalb ist hier in besonderem Maße auf eine reinigungsfreundliche Ausstattung zu achten.

Checkliste zur rationellen Reinigung

❑ **Fußböden** und **Wände** sollten komplett gefliest sein, damit sie durchgehend gereinigt oder desinfiziert werden können.

❑ Für den Übergang zwischen Wand- und Bodenkacheln sind **Formfliesen** mit **Hohlkehlen** angebracht, da sich hier Rundungen besser reinigen lassen. Außerdem gelangt bei eckigen Übergängen leichter Feuchtigkeit hinter die Kacheln, sobald Fugen brüchig und wasserdurchlässig werden. Die Lebensdauer der gefliesten Flächen wird damit herabgesetzt.

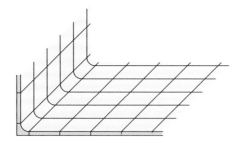

Abbildung 8.5   Formfliesen mit Hohlkehle im Sanitärbereich

❑ Der **Übergang** von gefliesten Sanitärräumen zu Böden mit **anderen Belagsmaterialien** (z.B. Teppichböden, PVC) muß mit einer korrosionsfesten Metallschiene geschlossen werden. Der angrenzende, meist verklebte Belag könnte sich sonst durch Feuchtigkeitseinwirkung lösen.

❑ In Sanitäranlagen ist der Einbau eines **Bodenablaufs** zu überlegen. Die naßscheuernde Reinigung mit entsprechenden Scheibenmaschinen wird erheblich erleichtert. Ausreichendes Gefälle ist einzuhalten.

❏ Die **Abdeckung** des Bodenablaufs muß leicht abzuheben sein (nicht verschraubt), um eine schnelle Reinigung zu ermöglichen.

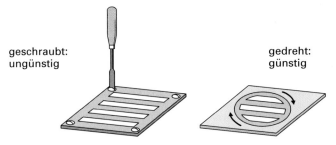

geschraubt:
ungünstig

gedreht:
günstig

Abbildung 8.6   Bodenabläufe

❏ **WC-Becken, WC-Bürsten und Abfallbehälter** sind wandhängend anzubringen, damit die Bodenfliesen an diesen Stellen durchgehend gereinigt werden können.

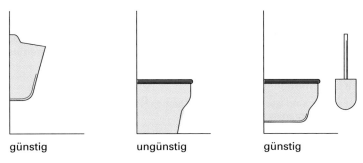

günstig   ungünstig   günstig

Abbildung 8.7   Urinal und WC-Becken

❏ **Waschbecken** sollten keinen Abstand zur Wand aufweisen, damit Wasser und Reinigungslösung nicht hinter dem Becken herunterlaufen und die Wände verschmutzen. Eventuelle Fugen werden mit wasserfestem Material ausgespritzt.

❏ **Überlauföffnungen** am Waschbecken sind nicht hygienisch einwandfrei zu reinigen und zu desinfizieren. Die Installation von Waschbecken ohne Überlauföffnung, die in Krankenhäusern im Pflegebereich Vorschrift ist, sollte auch für andere Bereiche überlegt werden.

❏ Waschbecken mit **sichtbarem Wasserablauf** müssen genug Bodenfreiheit haben, damit Reinigungsmaschinen darunter entlanggeführt werden können.

❏ Waschbecken mit **unsichtbarem Wasserablauf** direkt in die Wand haben einen geringeren Reinigungsaufwand.

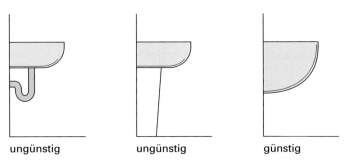

ungünstig   ungünstig   günstig

Abbildung 8.8   Waschbecken

- ❏ An der Wand befestigte **Armaturen** lassen sich leichter reinigen als Standarmaturen auf dem Waschbeckenrand.
- ❏ **Seifen- und Desinfektionsmittelspender** sollten über dem Waschbecken und nicht daneben angebracht sein, da somit eine Bodenverschmutzung (Rutschgefahr) verhindert wird.
- ❏ **Handtuchspender oder Händetrockner** sind so nah wie möglich am Waschbecken anzubringen; Bodenverschmutzungen werden dadurch eingeschränkt.
- ❏ **Abfallbehälter** für Papierhandtücher müssen ein ausreichendes Fassungsvermögen haben.
- ❏ Die **Spiegelflächen** sollten nicht bis an den Rand des Waschbeckens reichen, um die Verschmutzung durch Wasserspritzer zu reduzieren.
- ❏ **Duschkabinen** und vor allem **Duschtüren** sind reinigungsfreundlich auszuwählen. Duschvorhänge müssen zwar regelmäßig abgenommen, gewaschen und wieder aufgehängt werden, lassen sich aber maschinell reinigen. Duschtüren sind insgesamt reinigungsaufwendiger.
- ❏ Nebeneinanderliegende **WC- oder Duscheinheiten** sind mit bodenfreien **Trennwänden** auszustatten, um diese bei der Fußbodenreinigung nicht unnötig zu verschmutzen.
- ❏ Ausreichende **Belüftung** in allen Sanitäranlagen verhindert Schimmelbildung.
- ❏ **Belüftungsgitter** müssen herausnehmbar und leicht zu reinigen sein.

8.5   Anforderungen an Fenster und Heizkörper

Die Fensterreinigung ist arbeits- und kostenintensiv, da sie manuell ausgeführt wird. Deshalb ist eine reinigungsfreundliche Planung auch hier entscheidend, um die Reinigungskosten so gering wie möglich zu halten.

Checkliste zur rationellen Reinigung
- ❏ Für die Fenster sind **große, ungeteilte Flächen** einzuplanen, die rationell gereinigt werden können. Sprossenfenster sind abzulehnen.
- ❏ **Glatte, nicht strukturierte Scheiben** lassen sich leichter reinigen als strukturierte.
- ❏ **Glasflächen** sollten leicht erreichbar sein (z.B. in Treppenhäusern) und nicht verdeckt liegen. Häufig reichen Fensterflächen hinter Heizkörpern oder Geländern bis auf den Boden und können nur schwer mit Glasreinigungsgeräten erreicht werden.
- ❏ Drehbare **Fensterflügel** und kippbare **Oberlichter** ermöglichen eine problemlose Reinigung vom Gebäudeinneren aus. In vielgeschossigen Häusern hat man häufig feststehende Fenster, die von einem Fassadenlift aus gereinigt werden müssen.
- ❏ Auf **Fensterbänke** wird in vielen Betrieben verzichtet (z.B. in Krankenhäusern), da sie unnötige Reinigungsflächen darstellen und oft als Ablage dienen. Nach dem Leistungsverzeichnis (s. Kapitel 9.2.2) werden Fensterbänke in der Regel zur Reinigung nicht abgeräumt.
- ❏ Fenster sollten **frei zugänglich** und nicht durch Einrichtungsgegenstände verstellt sein.
- ❏ **Innenglasflächen** (z. B. bei Türen an Etageneingängen) sind reinigungsaufwendig und sollten nur begrenzt eingeplant werden. Ausreichend breite Holz-, Metall- oder Kunststoffflächen, die in Griffhöhe quer zur Glasfläche verlaufen, reduzieren die Fingerspuren und damit den Reinigungsaufwand.

Abbildung 8.9   Reinigungsfreundliche Gestaltung von Eingangs- und Etagentüren

❑ **Heizkörper** sind reinigungsfreundlich auszuwählen. Flachheizkörper sind Rippenheizkörpern vorzuziehen – sofern ihre Heizleistung ausreicht. Eventuell angedeutete Rippen oder Erhöhungen an der Heizkörperfläche sollten senkrecht und nicht waagerecht verlaufen, damit sich Staub nicht ablagern kann.

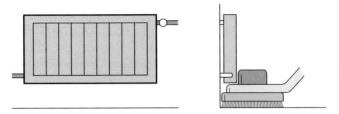

Abbildung 8.10 Reinigungsfreundliche Ausführung und Montage eines Heizkörpers

❑ Heizkörper müssen ausreichend **Bodenfreiheit** haben. Heizungsrohre und Befestigungselemente sollten seitlich oder rückwärtig (nicht bodenständig) angebracht werden, damit Wischgeräte und Reinigungsmaschinen die ganze Bodenfläche erreichen können.

8.6 Anforderungen an Wände, Türen und Mobiliar

Da diese Objekte weitgehend manuell gereinigt werden müssen, sind an ihre Gestaltung und die ausgewählten Werkstoffe besondere Anforderungen zu stellen.

Checkliste zur rationellen Reinigung

❑ **Hochglanzflächen** lassen jede Art von Verschmutzung sofort erkennen, zeigen ständig Griffspuren und erhöhen damit den Reinigungsaufwand.

❑ **Wandanstriche** sollten wischfest oder wasserfest sein, damit sie bei Bedarf feucht-/naßgereinigt werden können.

❑ **Profile** auf Wandverkleidungen, Türen oder Möbeln sind Schmutzfänger.

❑ **Schaukästen** oder Ausstellungsvitrinen sind möglichst in Wände zu integrieren, um den Ablauf der Fußbodenreinigung nicht zu unterbrechen.

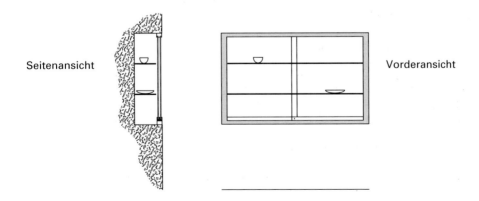

Seitenansicht   Vorderansicht

Abbildung 8.11 In die Wand eingebauter Schaukasten

- **Wand- und Einbauschränke**, die bis zur Decke reichen, verhindern Schmutzablagerungen auf der Oberseite. Auf dem Boden sollten sie fest und ohne Abstand mit der ganzen Fläche abschließen.

- **Sonstige Möbel** wie z.B. Nachtschränke, Betten oder Schreibtische sollten ebenfalls entweder mit dem Fußboden fest abschließen oder mit einer Bodenfreiheit von ca 25 – 30 cm ausgewählt werden.

- **Schrank- und Schubladengriffe**, die als Mulden ausgebildet sind, lassen sich schwer reinigen und sind außerdem Schmutzfänger.

- Mit **Rollen** ausgestattete Sessel, Stühle, Schreibtischboys, Blumenkübel o.ä. können zur Reinigung leicht zur Seite geschoben werden.

- Gepolsterte **Sitzmöbel** sollten mit reinigungsfreundlichen Bezügen ausgewählt werden. Geeignet sind abwaschbare Materialien, abnehmbare und waschbare Polster oder Polsterungen, bei denen sowohl der Bezug als auch die Aufpolsterung eine Naßreinigung vertragen. Dunkle, gemusterte Bezüge sind weniger reinigungsaufwendig.

- Seitliche **Querverstrebungen** an Stühlen oder Sitzbänken lassen Schmutz aufliegen und müssen ständig abgestaubt werden. Sie sind daher zu meiden.

- **Ablagen** unter **Tischen**, z.B. in Tagungs- oder Sitzungsräumen, werden oft als Papierkorb zweckentfremdet.

- **Wandhängende Möbel**, z. B. Schreibplatten, Tischplatten oder Nachtschränke, erleichtern die Reinigung des Fußbodens.

- Bei der **Möblierung** eines Raumes sind „tote" Ecken und Nischen, die von Reinigungsgeräten nicht erreicht werden können, zu meiden.

Insgesamt ist bei der Möblierung von Räumen zu bedenken, daß der Reinigungsaufwand um so größer ist, je mehr die Fußbodenfläche überstellt ist!

8.7   Anforderungen an Elektroanschlüsse und Beleuchtung

Wo immer die Größe der Reinigungsfläche den Einsatz von Reinigungsmaschinen zuläßt, sollte dieser eingeplant werden. Viele Maschinen sind batteriebetrieben, andere müssen überall im Haus mit Strom versorgt werden können.

Checkliste zur rationellen Reinigung

- In allen Räumen und Fluren eines Hauses – einschließlich der Sanitär- und Bäderbereiche – müssen **ausreichend Steckdosen** vorhanden sein. Lange Flure sollten mehrere Anschlußmöglichkeiten in entsprechendem Abstand enthalten (maximal alle 12 m).

- Wird der Bodenbelag eventuell von zwei Maschinen direkt nacheinander bearbeitet – mit der Schrubbmaschine und anschließend mit dem Wassersauger –, sind **zwei Steckdosenausgänge** empfehlenswert.

- **Steckdosen** sollten sich in der Nähe der Türen oder Ausgänge von Räumen befinden, da die Reinigung immer zum Ausgang hin erfolgt.

- **Bodensteckdosen** sind nur in Ausnahmefällen einzuplanen, z.B. in Tagungsräumen. Sie erschweren oder verhindern die Naßreinigung.

- Die Installation von **Drehstromsteckdosen** kann für bestimmte Räume sinnvoll sein, da leistungsstarke Hochdruckreiniger häufig Anschlußwerte von 400 Volt erfordern.

- ❏ In die Decke **versenkte** oder auf der Decke vollflächig aufliegende **Beleuchtungskörper** sind reinigungsfreundlich.
- ❏ **Beleuchtungskörper**, die **oben geschlossen** sind, verhindern Insektenansammlungen.
- ❏ **Freihängende Versorgungsleitungen** unter einer Raumdecke – häufig in Kellerräumen anzutreffen – sind große Schmutzfänger.
- ❏ Alle Beleuchtungskörper sollten sich einfach und gefahrlos reinigen lassen, **ohne** daß sie erst **vom Fachmann** für die Reinigung **abgebaut** werden müssen.
- ❏ Großflächige **Schalter** lassen sich leichter reinigen.
- ❏ Alle Steckdosen, die **waagerecht eingebaut** sind, z.B. in Arbeitsflächen oder Versorgungsleisten, sollten mit Deckeln verschließbar sein.

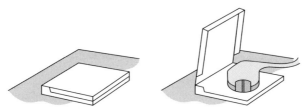

Abbildung 8.12 Waagerecht eingebaute Steckdose mit Deckel

8.8   Anforderungen an Putzräume

Eine ausreichende Zahl von Putzräumen ist Voraussetzung für einen kostengünstigen Ablauf der Reinigung, um unnötige Wegezeiten des Reinigungspersonals zu vermeiden.

Checkliste zur rationellen Reinigung

- ❏ In kleinen Betrieben ist ein zentraler Putzraum mit Lager einzuplanen. Große Gebäudekomplexe sollten über einen **Hauptputzraum** einschließlich **Zentrallager** und über entsprechende **Etagenputzräume** verfügen.
- ❏ Die wünschenswerte Größe eines **Etagenputzraums** liegt bei ca. 4 bis 6 m². Er sollte so groß geplant werden, damit genügend Abstellfläche für Reinigungswagen, -maschinen, Abfallsammler, Schmutzwäschewagen und dergleichen vorhanden ist.
- ❏ Der **Hauptputzraum** – meist im Kellergeschoß eingerichtet – sollte je nach Größe des Gebäudes mindestens 15 - 25 m² groß sein. Der Raum muß die zentralen Vorräte für alle Reinigungs- und Pflegemittel fassen können und ausreichend Platz für zentral gelagerte, bzw. nicht täglich benötigte Geräte und Maschinen bieten. Wartungs- und Pflegearbeiten müßten ebenfalls hier durchgeführt werden können. Eventuell ist ein zusätzliches/abgetrenntes Lager sinnvoll.
- ❏ Putzräume können **innenliegend** sein (ohne natürliches Licht), sollten aber ausreichend belüftet werden.
- ❏ Bei Neubauten sind Putzräume in der **Nähe** von Treppenhaus und **Fahrstuhl** einzuplanen.
- ❏ **Gefliese Böden** und **Wände** erleichtern in diesen Räumen die Reinigung. Falls Zementböden vorhanden sind (Kellerräume), ist eine Versiegelung ratsam.
- ❏ **Heiß-** und **Kaltwasseranschluß, Ausgußbecken** und **Bodenablauf** sind notwendig. Direkt an der Armatur sollte ein ca. 2 m langer Schlauch zum Füllen von Reinigungsmaschinen oder -wannen angeschlossen sein. Damit bleibt der Wasserhahn zum sonstigen Gebrauch frei.
- ❏ **Naßsteckdosen, Regale, Abfallbehälter** und **Wäscheleinen** müssen in ausreichender Zahl vorhanden sein.

❏ Sofern nicht alle **Stielgeräte** am Reinigungswagen befestigt werden, sind **Wandhalterungen** dafür vorzusehen.

Abbildung 8.13 Wandhalterung für Stielgeräte

❏ Im Hauptputzraum wird häufig die **Spezialwaschmaschine** für die Mopwäsche installiert. Etagenputzräume sind in manchen Betrieben auch mit speziellen Waschmaschinen ausgestattet (z.B. Waschmaschine für Fäkalienwäsche in Pflegeheimen).

❏ **Zentrale Dosieranlagen** für Reinigungsmittel findet man ebenfalls im Hauptputzraum, **dezentrale Dosieranlagen** dagegen in den Etagenputzräumen.

❏ Wird die Reinigung im Betrieb von einer **Fremdfirma** durchgeführt, so ist bei größeren Häusern ein Büro für den Objektleiter einzuplanen.

> ▶ *Bei jeder Planung von Neu- und Umbauten oder bei Renovierungsarbeiten sind alle baulichen Maßnahmen, alle ausgewählten Werkstoffe sowie alle Ausstattungs- und Einrichtungsgegenstände auch unter reinigungstechnischen Überlegungen zu prüfen.*

● Prüfen Sie in Ihrem Betrieb die Einhaltung reinigungstechnischer Überlegungen
a) im Eingangsbereich
b) in einem Treppenhaus mit angrenzendem Flur
c) in einer Naßzelle.
Machen Sie gegebenenfalls Verbesserungsvorschläge.

9 Reinigungsorganisation

Die Reinigung im Betrieb ist so durchzuführen, daß der festgelegte Hygienestandard mit einem Minimum an finanziellen Mitteln erreicht wird. Da die Personalkosten den bei weitem größten Anteil an den gesamten Reinigungskosten haben, kommt der zweckmäßigen Planung und Kontrolle des Personaleinsatzes besondere Bedeutung zu. Dies ist Inhalt der Reinigungsorganisation und gilt für Eigen- und Fremdreinigung gleichermaßen.

Die Organisation der Reinigung bezieht sich auf drei wesentliche Bereiche, in denen die folgende Fragen zu beantworten sind:

Organisationsform

Wer ist weisungsbefugt?
Wer ist für welchen Bereich zuständig?

Arbeitsablauf

Was wird gereinigt?
Wann wird gereinigt?
Wie oft wird gereinigt?
Wieviel Personal wird benötigt?
Wie hoch sind die Kosten?

Reinigungskontrolle

Wie wird die Arbeit durchgeführt?
Wie ist das Ergebnis?
Werden alle rechtlichen Bestimmungen eingehalten?
Wer führt die Kontrolle aus?

Eine anforderungsgerechte Organisation bringt allen Beteiligten eindeutige Vorteile: Für das **Reinigungspersonal** ist der Arbeits- und damit Verantwortungsbereich festgelegt und abgegrenzt; Aufgaben sind klar definiert.

Die **Reinigungsleitung** hat einen genauen Überblick über den geplanten Arbeitsablauf im Haus und kann somit den jeweiligen Einsatzort der MitarbeiterInnnen jederzeitnachvollziehen. Nur bei detaillierter Festlegung von Aufgaben und Zuständigkeiten kann sie gezielt kontrollieren, Verantwortliche benennen und die Leistung der MitarbeiterInnen besser beurteilen. Zeitliche oder Leistungsmäßige Schwachstellen (z.B. zu knappe Zeitvorgaben, unzureichender Reinigungserfolg eines Verfahrens o.ä.) lassen sich so eher erkennen. Kurzfristig notwendige, zusätzliche Reinigungsleistungen können wirkungsvoll eingeschoben werden.

Der **Betrieb/Arbeitgeber** kann nur bei einer durchgängigen Reinigungsorganisation die erforderlichen Kosten planen und überwachen, sowie Kostensenkungen, z.B. durch Änderung der Reinigungsleistung, gezielt umsetzen.

9.1   Organisationsformen

Zunächst ist die für den einzelnen Betrieb zweckmäßige **Organisationsform** festzulegen. Dabei bieten sich folgende Möglichkeiten:

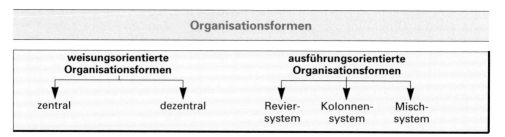

Weisungsorientierte Organisationsformen

Zentrale Organisation bedeutet, daß die Weisungsbefugnis gegenüber dem Reinigungspersonal von einer Person ausgeht. Das ist bei einer Reinigungsvergabe die Objektleitung, bei der Eigenreinigung die Hauswirtschaftsleitung.

Zahlreiche Untersuchungen haben gezeigt, daß mit der Einführung einer zentralen Organisation des Reinigungsdienstes erhebliche **Kosteneinsparungen** aufgrund eines rationellen Personaleinsatzes erzielt werden können. Der/Die einzelne MitarbeiterIn bleibt trotzdem jeweils für einen festgelegten Bereich (z.B. für eine Station) zuständig. Allerdings sind auch **Nachteile der zentralen Organisation** in Kauf zu nehmen: Eine flexible Anpassung an kurzfristig und ungeplant anfallende Reinigungsleistungen ist nicht möglich. Eventuell notwendige Nachbesserungen erfolgen zeitlich verspätet und sind deshalb häufig nicht mehr relevant.

Dezentrale Organisation bedeutet, daß das Reinigungspersonal bestimmten Abteilungen oder Stationen zugeteilt ist und seine Weisungen von dort erhält.

Erfolgt die Reinigung durch eine Fremdfirma, gibt es fast ausschließlich die zentrale, bei der Eigenreinigung sowohl die zentrale als auch die dezentrale Organisation. Manche Betriebe tendieren eher zu einer Mischform, um die **Nachteile einer dezentralen Organisation** auszuschalten, nämlich:

Da die Einweisung und Schulung des Reinigungspersonals einzeln erfolgt, ist dies zeit- und arbeitsaufwendig. Außerdem muß man oft von fachfremder Unterweisung ausgehen(Stationsschwester informiert z.B. über Dosierung von Reinigungsmitteln oder Handhabung von Geräten und Maschinen. Eine Anpassung an Neuerungen in der Reinigungstechnik erfolgt bei der zentral organisierten Reinigung häufig verspätet oder unzureichend. Weiterhin wird das Reinigungspersonal oftmals für reinigungsfremde Arbeiten herangezogen (z.B. Botendienst, Essenausgabe).

Ausführungsorientierte Organisationsformen

Für den organisatorischen Ablauf der Reinigung ist jedoch die **Wahl des Ausführungssystems** von größerer Bedeutung. Je nach Art des Betriebes kann sich das Revier-, das Kolonnen- oder das Mischsystem als geeignete Organisationsform erweisen.

Welche Form der Reinigungsorganisation sich für den jeweiligen Betrieb als sinnvoll erweist, muß im Einzelfall entschieden werden, Tabelle 9.1 zeigt eine Gegenüberstellung der drei Systeme.

Tabelle 9.1 Gegenüberstellung der Reinigungssysteme Reviersystem, Kolonnensystem und Mischsystem

	Reviersystem	Kolonnensystem	Mischsystem
Systemmerkmale	Ein/eine MitarbeiterIn führt in einem bestimmten Bereich (z.B. in einer Etage) alle anfallenden Reinigungsarbeiten aus.	Ein/eine MitarbeiterIn führt im gesamten Haus eine immer wiederkehrende Reinigungsarbeit aus (z.B. ist eine Person für die Fußbodenreinigung zuständig, eine andere für die Sanitärreinigung).	Ein/eine MitarbeiterIn führt im gesamten Haus eine immer wiederkehrende spezielle Reinigungsarbeit aus (z.B. die Fußbodenreinigung mit dem Automaten). Alle anderen Reinigungsarbeiten werden im Reviersystem erledigt.
Vorteile	● Das Reinigungspersonal – fühlt sich verantwortlich für sein Revier – entwickelt eine persönliche Beziehung zu den Bewohnern (z.B. in einem Altenheim) – nimmt mehr Rücksicht auf die persönlichen Belange der Bewohner/Patienten – übt eine abwechslungsreichere Tätigkeit aus – arbeitet in ständig wechselnder Körperhaltung ● Die Reinigungsleitung – kann das Personal besser beurteilen – kann die Reinigungsleistung besser überprüfen – erfährt schneller Mängel und Schäden im Haus	● Das Reinigungspersonal geht mit „seinen" Geräten und Maschinen sorgsamer um, pflegt und wartet sie gewissenhaft ● Personalausfälle durch Urlaub und Krankheit können innerhalb der Kolonne durch Reduzierung der Reinigungsleistung besser ausgeglichen werden. ● Reinigungskosten können durch Spezialisierung gesenkt werden. ● Investitionskosten für Geräte und Maschinen sind geringer.	● Es werden die Vorteile von Revier- und Kolonnensystem vereinigt. ● Das Mischsystem ist kostengünstiger als das reine Reviersystem.
Nachteile	● Leistungssteigerungen durch Spezialisierung sind nicht möglich ● Kontakt zu den Bewohnern kann zu Lasten der Reinigungszeit/-leistung gehen. ● Personalausfälle durch Krankheit und Urlaub sind mit zusätzlichem Personal („Springer") auszugleichen. ● Investitionskosten für Geräte und Maschinen sind hoch, da sie oft in jedem Revier verfügbar sein müssen.	● Das Reinigungspersonal – entwickelt keine Beziehung zum Reinigungsobjekt und fühlt sich daher nicht verantwortlich – übt sehr eintönige Tätigkeiten aus – arbeitet in einseitiger, belastender Arbeitshaltung – hat während der Arbeitszeit häufig Kontakt untereinander (das beeinträchtigt Reinigungszeit/-leistung) – wechselt häufiger ● Die Reinigungsleitung – kann das Personal schwerer beurteilen – kann Verantwortliche schwerer benennen – erfährt Mängel/Schäden im Haus oft spät/gar nicht ● Es entsteht eine größere Unruhe im Haus	Die Möglichkeit zur Kostensenkung beim Kolonnensystem durch höhere Reinigungsleistungen und geringere Investitionskosten können nur z.T. ausgeschöpft werden.
Beurteilung	System ist geeignet für kleine und mittlere Betriebe mit geringem Maschineneinsatz. Die Kosten sind höher als beim Kolonnensystem.	System ist geeignet für große Verwaltungsabteilungen entsprechend großer Betriebe. Es ist das kostengünstigste System.	Es ist das häufigste Reinigungssystem. Es handelt sich um ein relativ kostengünstiges System mit einem Minimum an Nachteilen.

> ▶ *Bei der zentralen Organisation geht die Weisungsbefugnis von einer Person aus.*
> ▶ *Bei der dezentralen Organisation geht die Weisungsbefugnis von dem jeweiligen Vorgesetzten am Einsatzort aus.*
> ▶ *Reinigung im Reviersystem heißt, daß ein/eine MitarbeiterIn alle Reinigungsarbeiten in einem Revier ausführt.*
> ▶ *Reinigung im Kolonnensystem heißt, daß ein/eine MitarbeiterIn im gesamten Haus nur eine immer wiederkehrende Reinigungsarbeit ausführt.*
> ▶ *Reinigung im Mischsystem heißt, daß die Reinigung nach Revier- und Kolonnensystem gemischt ausgeführt wird.*

❶ Vergleichen Sie die Reinigungstätigkeit im Revier- und Kolonnensystem aus ergonomischer Sicht anhand von praktischen Beispielen.

❷ Erkundigen Sie sich nach den in Ihrem Betrieb eingesetzten Organisationsformen.

9.2 Schritte der Reinigungsorganisation

Die Organisation der Reinigungsdurchführung erfolgt in mehreren Einzelschritten, die nacheinander einzuhalten sind (s. Abb. 9.1). Das gilt sowohl bei Eigen- als auch bei Fremdreinigung.

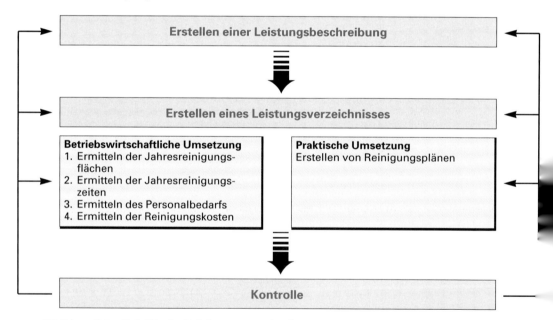

Abbildung 9.1   Schritte der Reinigungsorganisation

9.2.1 Erstellen einer Leistungsbeschreibung

Eine Leistungsbeschreibung legt die **Rahmenbedingungen** für die Reinigung fest. Vergibt ein Betrieb die Reinigung an ein Dienstleistungsunternehmen, muß eine solche Leistungsbeschreibung als Vertragsgrundlage erstellt werden. Sie regelt allgemeine Vereinbarungen zwischen dem Betrieb (Auftraggeber) und dem Reinigungsunternehmen (Auftragnehmer). Bei Eigenreinigung werden zwar einige Angaben überflüssig, aus Gründen der Vergleichbarkeit der Kosten und Leistungen sollte man aber auch hier nicht auf eine Leistungsbeschreibung verzichten.

Der **Bundesinnungsverband des Gebäudereiniger-Handwerks** gibt Empfehlungen für die Gestaltung einer Leistungsbeschreibung in den **„Richtlinien für Vergabe und Abrechnung"** heraus. Danach sollte eine Leistungsbeschreibung folgende Angaben enthalten (Auszug):

- Art des zu bearbeitenden Gebäudes, z.B. Altenheim, Krankenhaus
- Art der Gebäudereinigung, z.B. Unterhaltsreinigung, Grundreinigung
- Verfahren der Reinigung, z.B. Feuchtwischen, Naßwischen, Bürstsaugen
- Reinigungsturnus, z.B. tägliche Reinigung an fünf , sechs oder sieben Wochentagen
- Beschaffenheit der zu bearbeitenden Flächen, z.B. PVC-, Textilböden, keramische Beläge, Holz, Glas, Metall
- Eventuell zur Verfügung stehende Reinigungsmaschinen, -geräte oder Reinigungsmittel, z.B. zentrale Staubsaugeranlage, Reinigungswagen
- Bereitstellen von Verbrauchsstoffen, z.B. für Handtuchspender, Seifenspender
- Güteanforderungen an Reinigungs-, Pflege- oder Desinfektionsmittel, Art und Umfang des Eignungs- oder Gütenachweises, z.B. Verwendung von Desinfektionsreinigern der DGHM-Liste
- Verwendung von desinfizierenden Mitteln für bestimmte Stationen
- Besondere Anforderungen an das Reinigungspersonal, z.B. Gesundheitszeugnis, Geheimhaltungspflicht
- Ausführungszeiten der Reinigungsarbeiten, z.B. von 6.00 bis 12.00 Uhr, von 16.00 bis 22.00 Uhr
- Vorgesehene Arbeitsabschnitte, Arbeitsunterbrechungen oder -beschränkungen, z.B. Unterbrechen der Reinigung während der Arztvisite

Weiterhin legt der Bundesinnungsverband des Gebäudereiniger-Handwerks in seinem Standardleistungsbuch (StLB 033) „Gebäudereinigungsarbeiten" bestimmte **Nebenleistungen** fest, die auch **ohne Erwähnung Bestandteil der vertraglichen Leistung** sind, d.h. **nicht gesondert abgerechnet werden.** Dazu gehören (Auszug):

- Messungen für das Ausführen und Abrechnen der Arbeiten einschließlich Vorhalten der Meßgeräte und Stellen der Arbeitskräfte
- Bereitstellen von Wasser und Energie durch den Auftraggeber
- Vorhalten von Geräten und Werkzeugen
- Liefern aller Behandlungsmittel
- Reinigen der Abstellräume und Abstellschränke für Reinigungsmittel und Reinigungsgeräte
- Einhalten der Schutz- und Sicherheitsmaßnahmen nach den UVV und behördlichen Bestimmungen
- Abschließen der Türen nach Beendigung der Reinigung und Abgeben der Schlüssel an der vereinbarten Stelle
- Herstellernachweis über die Eignung aller Behandlungsmittel
- Umstellen von leicht beweglichen Einrichtungsgegenständen, z.B. von Stühlen, Tischen, Papierkörben usw., zur Durchführung der Unterhaltsreinigung
- Beseitigen aller Verunreinigungen, die von den Arbeiten des Auftragnehmers herrühren

Nach den genannten Richtlinien sind folgende Tätigkeiten **keine Nebenleistungen,** d.h. sie werden nur **gegen gesonderte Abrechnung** ausgeführt und sind **Sonderleistungen**. Dazu gehören (Auszug):

- Umstellen von Einrichtungsgegenständen, was bei einem ordnungsgemäßen Reinigen erforderlich wäre, z.B. Schränke, gefüllte Bücherregale, Schreibtische – mit Ausnahme der oben genannten leicht beweglichen Einrichtungsgegenstände
- Aus- und Einräumen der zu reinigenden Räume für die Durchführung von Grundreinigungen
- Abräumen und Wiederhinstellen von Blumen, Akten, Büchern, Schreibmaterial u.a.
- Beseitigen von Verstopfungen des Rohrsystems
- Beseitigen von ekelerregenden oder außergewöhnlichen Verschmutzungen und Abfällen
- Beseitigen oder Sichern von Hindernissen, z.B. sich ablösende Fußbodenecken
- Demontage und Montage von Beleuchtungskörpern, Vorhängen und dergleichen

Alle diese Sonderleistungen fallen in hauswirtschaftlichen Betrieben häufig an, sind zeitlich schwer einzuschätzen und daher finanziell kaum kalkulierbar. Die Angebotskalkulationen von Fremdfirmen können und brauchen diese anfallenden Leistungen nicht zu berücksichtigen und geben so leicht ein falsches Kostenbild. Ein objektiver Vergleich zwischen Eigen- und Fremdreinigung ist aber nur bei Berücksichtigung dieser tatsächlich anfallenden Sonderleistungen möglich. Die Höhe solcher Sonderkosten ist je nach Art des Betriebes sehr unterschiedlich und beruht meist auf Erfahrungswerten.

Hierbei ist auch zu berücksichtigen, daß Abgrenzungen zu den Tätigkeiten anderer Abteilungen erfolgen müssen. Die „Beseitigung ekelerregender oder außergewöhnlicher Verschmutzungen" ist in bestimmten Häusern (z.B. in Pflegeheimen) Aufgabe des Pflegepersonals. Nur eine klare Abgrenzung zu Aufgaben anderer Abteilungen (Schnittstellen) garantiert, daß der Reinigungsdienst nicht zu reinigungsfremden Aufgaben herangezogen wird.

Beispiel für **Aufgaben** in einem Krankenhaus, die **nicht vom Reinigungsdienst zu erledigen** sind:

- Zubereiten und Verteilen von Speisen (einschließlich der vorbereitenden Arbeiten)
- Boten- und Hilfsdienste für Bedienstete und Patienten
- Einsammeln des Geschirrs
- Pflanzen- und Blumenpflege
- Reinigen ärztlicher Geräte
- Ein- und Ausräumen von Kühlschränken, Vorratsschränken und dergleichen
- Be- und Abziehen der Patientenbetten
- Abräumen und Wiederherrichten der Nachtschränke

(Auszug aus den Richtlinien der Hamburger Gesundheitsbehörde)

Das Risiko, daß das Reinigungspersonal zu Aufgaben herangezogen wird, für die es nicht zuständig ist, ist aufgrund zahlreicher **Schnittstellen** mit anderen Abteilungen recht groß. Solche Kontakte können sich ergeben zwischen

Reinigungsdienst und Pflegedienst

Reinigungsdienst und Hol- und Bringedienst

Reinigungsdienst und Küchendienst

Reinigungsdienst und Wäschedienst

Reinigungsdienst und Hausmeister / Haustechnik

Auch zwischen diesen Abteilungen und dem Reinigungsdienst sollten die Zuständigkeiten ebenso abgeklärt werden wie in dem o.a. Beispiel.

> ▶ *Die Leistungsbeschreibung legt die Rahmenbedingungen für die Reinigung fest.*
> ▶ *Nebenleistungen sind ohne besondere Erwähnung Bestandteil der vertraglichen Leistung. Sie werden nicht gesondert berechnet.*
> ▶ *Sonderleistungen sind nicht Bestandteil der vertraglichen Leistung. Sie werden gesondert abgerechnet.*
> ▶ *Die Aufgaben des Reinigungsdienstes müssen klar von denen anderer Abteilungen abgegrenzt sein.*

❶ Erkundigen Sie sich nach einer Leistungsbeschreibung für Ihren Betrieb.

❷ Stellen Sie für Ihren Betrieb „Schnittstellen" mit anderen Abteilungen zusammen. Wie sind die Aufgaben abgegrenzt?

❸ Welche Aufgaben sind in einem Betrieb zwischen Reinigungs- und Wäschedienst abzugrenzen?

9.2.2   Erstellen eines Leistungsverzeichnisses

Während die Leistungsbeschreibung die allgemeinen Rahmenbedingungen für die Durchführung der Reinigung festlegt, enthält das **Leistungsverzeichnis** konkrete **Angaben zu den gewünschten Reinigungsleistungen.** Es legt somit fest, wie der geforderte Hygienestandard erreicht werden soll. Bei einer Reinigungsvergabe ist demnach das Leistungsverzeichnis die **Ausschreibung der Reinigungsleistungen.**

Das Leistungsverzeichnis umfaßt Angaben über:

● **die zu reinigenden Raumarten** (Reinigungs-, Raumgruppen)
z.B. Patientenzimmer, Sanitärbereich, Flur, Treppenhaus

● **die jeweilige Reinigungsleistung**
z.B. Fußboden reinigen, Abfallbehälter leeren, Mobiliar säubern

● **das gewünschte Reinigungsverfahren**
z.B. Feucht- oder Naßreinigen, Staubsaugen, Polieren

● **die gewünschte Reinigungshäufigkeit**
z.B. täglich, zweimal wöchentlich, einmal monatlich

Aus Gründen eines planmäßigen Ablaufs der Reinigung ist eine derartige Aufstellung auch im Falle einer Eigenreinigung sinnvoll.

In einem solchen Leistungsverzeichnis muß die Hauswirtschaftsleitung für alle Verkehrsflächen (Flure, Treppenhäuser, Eingangsbereiche), Nutzflächen (Diensträume, Bewohner-/Patientenzimmer, Speiseräume, Verwaltungsflächen u.a.) und Naßbereiche (Bäder, Duschen, WC-Anlagen) des Hauses die gewünschten Reinigungsleistungen, -verfahren und -häufigkeiten zusammenstellen. Diese Auflistung ist anschließend Basis für die Aufstellung einzelner Reinigungspläne. Außerdem wird eine spätere Leistungs- und Kostenkontrolle nur bei exakter Festlegung der erforderlichen Reinigungsarbeiten möglich.

Die nachfolgende Tabelle 9.2 stellt ein Leistungsverzeichnis für ausgewählte Bereiche einer Tagungsstätte vor.

Tabelle 9.2 **Beispiel für ein Leistungsverzeichnis in einer Tagungsstätte**
Ausgewählte Bereiche: Gastzimmer mit Naßzelle

Gastzimmer		
Reinigungsleistung	Reinigungsverfahren	Reinigungshäufigkeit
Papierkorb leeren, Wertstoffe entsorgen	ggf. Feucht-/ Naßreinigen	6,5x wöchentlich
lüften, Gardinen ausrichten, Betten machen Betten beziehen		7x wöchentlich bei Gastwechsel
Fußbodenfläche	Naßwischen (2-Eimer-Methode) Feuchtwischen	2x wöchentlich 3,5x wöchentlich
Fußleisten	Feuchtreinigen	1x monatlich
Tisch, Ablage am Bett	Feuchtreinigen	6,5x wöchentlich
Stühle, Wandlampe, Schrank außen (Griffbereich), Schalter, Bilder, Oberkante Heizkörper	Feuchtreinigen	2x wöchentlich
Schrank innen	Feuchtreinigen	1x monatlich
Polstersessel	Absaugen Fleckentfernen	1x monatlich bei Bedarf
Matratzen	Absaugen	1x monatlich
Türgriffe, Türblatt und -zarge im Griffbereich	Feuchtreinigen	3x wöchentlich
Gesamtes Türblatt, -zarge, Heizkörper	Feuchtreinigen	1x monatlich
Spinngewebe an Decke und Wänden	Trockenreinigen	1x monatlich
Naßzelle im Wohnheimbereich		
Fußbodenfläche	Naßwischen Feuchtwischen	2x wöchentlich 3,5x wöchentlich
Dusche, Waschbecken, einschließlich der Armaturen und Seifenschalen, Fliesen im Spritzbereich des Waschbeckens	Naßreinigen	6,5x wöchentlich
Spiegel, Spiegelleuchte, Ablage, Oberkante Heizkörper	Feuchtreinigen	2x wöchentlich
WC (Objekt, Sitz, Deckel, Bürste), Fliesen im Spritzbereich des WC`s, WC-Papierhalter, Spülkasten/-griff	Naßreinigen	6,5x wöchentlich

Fortsetzung Beispiel für ein Leistungsverzeichnis in einer Tagungsstätte
Ausgewählte Bereiche: Gastzimmer mit Naßzelle

Reinigungsleistung	Naßzelle im Wohnheimbereich	
	Reinigungsverfahren	Reinigungshäufigkeit
WC-Papier auffüllen		bei Bedarf
Gesamte Fliesenflächen, Bodenabfluß	Naßreinigen	1x monatlich
Handtuchwechsel		2x wöchentlich/bei Bedarf
Duschvorhang	Auswechseln, Naßreinigen	1x monatlich
Türgriffe, Türblatt und -zarge im Griffbereich	Feuchtreinigen	3x wöchentlich
Gesamtes Türblatt, -zarge, Heizkörper	Feuchtreinigen	1x monatlich
Abfalleimer	Leeren, ggf. Müllbeutel wechseln oder Feucht-/Naßreinigen	6,5x wöchentlich

0,5fache Häufigkeit bedeutet Sichtreinigung (s. Kapitel 2.2)

> ▶ *Das Leistungsverzeichnis legt für alle Räume die Reinigungsleistungen, das Reinigungsverfahren und die Reinigungshäufigkeit fest. Es ist Grundlage der Reinigungs- oder Arbeitspläne.*
> ▶ *Eine Leistungskontrolle ist nur bei exakter Festlegung aller Reinigungsarbeiten möglich.*

● Erstellen Sie für ein Jugendfreizeitheim ein Leistungsverzeichnis für die Unterhaltsreinigung a) in einem Speiseraum b) in einem Schlafraum.
Wählen Sie Ausstattung und Möblierung der Räume selbst. Orientieren Sie sich an Tabelle 9.2.

9.2.3 Ermitteln der Jahresreinigungsfläche

Festlegen der Reinigungsgruppen
Nachdem die Reinigungsleistungen genau aufgelistet sind, ist es notwendig, einen Überblick über die hierfür erforderlichen Reinigungszeiten zu bekommen. Der zeitliche Aufwand zur Reinigung eines Raumes ist aber je nach Art, Nutzung, Möblierung usw. sehr unterschiedlich. Man faßt daher zunächst die Räume eines Hauses zusammen, die annähernd gleiche Anforderungen an die Reinigungsleistung stellen und somit weitgehend gleiche Reinigungszeiten erfordern, d.h. man legt **Reinigungsgruppen / Raumgruppen / Strukturbereiche** fest.

Die bekannteste Aufgliederung nach **Reinigungsgruppen** ist für den Krankenhausbereich im **„Hamburger Modell"** definiert. Es sind Richtlinien, welche die Gesundheitsbehörde der Hansestadt Hamburg zur **Gebäudereinigung** in ihren **Krankenhäusern** erlassen hat.

Danach werden alle Flächen eines Krankenhauses in folgende **10 Reinigungsgruppen** eingeteilt (Auszug):

Tabelle 9.3	Reinigungsgruppen im Krankenhaus
Reinigungs- gruppe	Erklärung
A	Patientenzimmer und Diensträume im Stationsbetrieb aller Fachabteilungen – ausgenommen die in Reinigungsgruppe A1 genannten Räume
A1	Patientenzimmer und Diensträume im Stationsbereich in Aufnahme-, Kinder-, Säuglings-, Urologie- und Nierenstationen, Kindergärten, Speisesäle
B	Büroräume im Verwaltungs- und ärztlichen Sektor, Funktionsräume, z.B. EEG, EKG, Kurzwelle (außer OP-Bereich), sonstige Räume, soweit sie anderen Reinigungsgruppen nicht zuzuordnen sind
C	OP-Räume, Kreißsäle
D	OP-Nebenräume und Flure, Laboratorien, Apotheken, Pathologien, Physikalische Therapie, Gymnastikräume
E	Wach-, Intensiv-, Infektionsstationen, Sanitärräume wie Bäder, WC's und Spülräume, Stations- und Teeküchen
F	Flure und größere Eingangshallen
G	Treppenhäuser
H	Umkleide- und Bereitschaftsräume
I	Abstell- und Lagerräume, Balkone, Loggien, Altarchive, Kellerflure, Fahrradkeller und andere Räume mit wöchentlicher oder monatlicher Reinigung

Solche Reinigungsgruppen könnten für eine Tagungsstätte z.B. sein:

- *Reinigungsgruppe A*   *Gästezimmer, Aufenthaltsraum, Fernsehraum, Verwaltungsräume*
- *Reinigungsgruppe B*   *Speiseraum, Cafeteria*
- *Reinigungsgruppe C*   *Sanitärräume (Naßzellen, Besucher-WC)*
- *Reinigungsgruppe D*   *Eingangshalle, Flure, Garderoben*
- *Reinigungsgruppe E*   *Treppenhäuser*
- *Reinigungsgruppe F*   *Lager-, Putzmittelräume und dergleichen*

Es muß gewährleistet sein, daß alle Räume/Flächen eines Hauses einer Reinigungsgruppe zugeordnet werden können. Diese Gruppeneinteilung ist für jedes Haus individuell vorzunehmen, d.h. jedes Haus wird unterschiedliche Reinigungsgruppen bilden.

Ermitteln der Einzelreinigungsflächen

Für jede Reinigungsgruppe muß anschließend die entsprechende Fläche innerhalb des Hauses zusammengestellt werden. Ein solches **Raum- und Flächenverzeichnis** gehört als Anlage zu einem Leistungsverzeichnis. Zu diesem Zweck wird das „Aufmaß" aller Räume erstellt, d.h. die Räume werden einzeln ausgemessen und dann in einem Aufmaßbogen erfaßt. Gemessen wird von Fußleiste zu Fußleiste, wobei kleinere Wandvorsprünge, Türdurchgänge oder Einbauschränke unberücksichtigt bleiben. Die Aufmaßerstellung beginnt im obersten Stockwerk eines Hauses. Die Flächen der Räume werden vom Treppenaufgang ab im Uhrzeigersinn gemessen, es folgen die Flure und anschließend die Treppe zur nächsten Etage. Nach diesem Prinzip werden für jede Etage, jeden Gebäudetrakt oder jede Hauseinheit alle Flächen ermittelt, so daß sich abschließend ein Überblick über die Gesamtreinigungsflächen eines Betriebes ergibt.

Die folgenden Abbildungen 9.2 und 9.3 zeigen den schematischen Grundriß für eine Etage eines Bettentraktes in einer Tagungsstätte sowie die Berechnung von Treppenflächen. Dieser Grundriß und die ermittelten Treppenflächen sind Grundlage für den Aufmaßbogen in Tabelle 9.4.

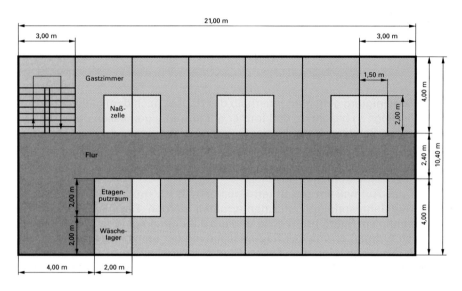

Abbildung 9.2   Schematischer Grundriß einer Etage im Bettentrakt einer Tagungsstätte

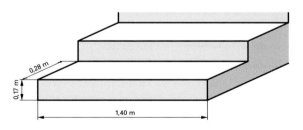

Reinigungsfläche der Treppe
1 Stufe $\qquad$ (0,17 m + 0,28 m) · 1,40 m = 0,63 m^2

16 Stufen $\qquad\qquad\qquad\qquad$ 16 · 0,63 m^2 ≈ 10,1 m^2
Mittelpodest $\qquad\qquad\qquad\qquad$ 1,76 m · 3,0 m ≈ 5,3 m^2

Summe der Reinigungsflächen $\qquad\qquad\qquad\qquad$ **15,4 m^2**

Abbildung 9.3   Ermittlung von Treppenflächen

Tabelle 9.4 **Aufmaßbogen zur Ermittlung von Reinigungsflächen**
Beispiel: Eine Etage im Bettentrakt einer Tagungsstätte

Raumbezeichnung	Anzahl	Fläche einzeln in m²	Fläche gesamt in m²	Gesamtfläche je Reinigungsgruppe in m²					
				A	B	C	D	E	F
Gastzimmer	11	9,0	99,0	99,0					
Naßzellen	11	3,0	33,0			33,0			
Etagenputzraum	1	4,0	4,0						4,0
Wäschelager	1	4,0	4,0						4,0
Flur	1	66,4					66,4		
Treppenhaus	1	15,4	15,4					15,4	
			Summe der Reinigungsflächen	99,0 m²	–	33,0 m²	66,4 m²	15,4 m²	8,0 m²

Bei der **Glasreinigung** geht man innerhalb des Hauses nach dem gleichen Prinzip vor; hier ist allerdings zu beachten, daß immer nur einseitig gemessen obwohl zweiseitig gereinigt wird. Bei einer Vergabe der Fensterreinigung gehört eine Aufstellung der Glasflächen ebenfalls mit als Anlage zum Leistungsverzeichnis.

Ermitteln der Jahresreinigungsflächen

Nachdem das Aufmaß im gesamten Haus erstellt ist, müssen für alle Reinigungs-gruppen die Jahresreinigungsflächen ermittelt werden. Dazu ist zunächst festzule-gen, wie häufig ein Raum pro Woche und pro Jahr gereinigt wird. Durch Multiplikati-on der nach Aufmaß ermittelten Raumflächen mit der Reinigungshäufigkeit pro Jahr ergibt sich die Jahresreinigungsfläche. Sind mehrere baugleiche Etagen vorhanden, wird die Jahresreinigungsfläche pro Etage ermittelt und mit der Etagenzahl (im Re-chenbeispiel werden 6 Etagen angenommen) multipliziert.

Tabelle 9.5 **Ermittlung der Jahresreinigungsflächen**
Beispiel: 6 Etagen im Bettentrakt einer Tagungsstätte

Reinigungs-gruppe Raum	Gesamtfläche nach Aufmaß in m² für 1 Etage	Reinigungs-häufigkeit pro Woche	Reinigungs-häufigkeit pro Jahr (52 Wochen)	Jahresreinigungsfläche in m²	
				für 1 Etage	für 6 Etagen
A Gastzimmer	99,0	6,5	338	33 462	200 772
C Naßzelle	33,0	6,5	338	11 154	66 924
D Flur	66,4	5	260	17 264	103 584
E Treppenhaus	15,4	5	260	4 004	24 024
F Etagenputzraum	4,0	1	52	208	1 248
F Wäschelager	4,0	1	52	208	1 248
		Summe der Jahresreinigungsflächen		66 300 m²	397 800 m²

> ▶ *Räume mit gleichem Reinigungsaufwand werden zu Reinigungsgruppen zusammengefaßt.*
> ▶ *Reinigungsflächen werden nach Aufmaß ermittelt und den jeweiligen Reinigungsgruppen zugeordnet.*
> ▶ *Die Jahresreinigungshäufigkeit und die nach Aufmaß erstellte Reinigungsfläche bestimmen die Jahresreinigungsfläche.*

● Erkundigen Sie sich nach bestehenden Reinigungsgruppen in Ihrem Betrieb. Sind keine Gruppen festgelegt, so nehmen Sie selbst eine Aufstellung für eine Etage/einen Gebäudetrakt in Anlehnung an das oben aufgeführte Beispiel vor.

9.2.4   Ermitteln der Jahresreinigungszeiten

Nachdem alle gewünschten Reinigungsleistungen benannt, alle Flächen nach Reinigungsgruppen zusammengefaßt und die Jahresreinigungsflächen ermittelt sind, muß die Reinigungsleistung zeitlich bewertet werden, um die **Jahresreinigungszeiten** zu berechnen.

Diese Bewertung kann auf zwei verschiedenen Wegen erfolgen:

1. Weg: Kalkulation über Reinigungs-Richtzahlen mit m²-Leistung/Stunde

Richtzahlen zur Reinigung werden anhand von Versuchsreinigungen festgelegt. Die ermittelten Zahlen beziehen sich jeweils auf eine bestimmte Reinigungsgruppe und geben die durchschnittliche Quadratmeter-Reinigungsleistung in einer Stunde für diese Gruppe an.

Beispiel: Richtzahl 120 für die Reinigungsgruppe X bedeutet:
120 m² der Raumgruppe X können in einer Stunde gereinigt werden.

Tabelle 9.6 Beispiele für Richtzahlen aus der Praxis	
Raum/Reinigungsgruppe	Richtzahl in m²/Stunde
Patientenzimmer (Krankenhaus) Sanitärbereich	120 – 150 60 – 80
Flure Treppen	200 – 220 120
Verwaltung Lager	180 180 – 200

Es wird empfohlen, solche **Richtzahlen** von anderen Betrieben **nicht ungeprüft zu übernehmen**, sondern sie im eigenen Haus nach den jeweiligen Gegebenheiten und den angewandten Verfahren zu ermitteln bzw. anzupassen. Sind Räume von der Möblierung her weitgehend gleich (z.B. Patientenzimmer im Krankenhaus, Gastzimmer in einer Tagungsstätte), so kann man bei der Ermittlung auch einheitliche Werte für die Reinigungsgruppen eines Hauses zugrunde legen. Schwieriger wird es, wenn die Möblierung individuell ist, wie etwa in Bewohnerzimmern eines Altenheimes, wo von großen und unterschiedlichen Überstellflächen auszugehen ist. Außerdem ist hier die persönliche Gestaltung der Räume zu berücksichtigen, z.B. mit Bildern, Blumenschmuck oder anderen Dekorationselementen.

Hat man die Richtzahlen für die einzelnen Reinigungsgruppen des Hauses festgelegt, so können die Jahresreinigungszeiten (in Stunden) ermittelt werden. Dazu teilt man die Jahresreinigungsfläche jeder Reinigungsgruppe durch ihre Richtzahl.

$$\frac{\text{Jahresreinigungsfläche einer Reinigungsgruppe}}{\text{Richtzahl}} = \text{Jahres-reinigungsstunden}$$

Für das vorausgegangene Beispiel (Tagungsstätte / Bettentrakt / 6 Etagen) ergeben sich bei Ansatz durchschnittlicher Richtzahlen folgende Jahresreinigungszeiten:

Beispiel:	Reinigungsgruppe	Jahresreinigungs-fläche in m²	Richtzahl	Jahresreinigungs-stunden
	A	200 772	: 135	=1487,20
	C	66 924	: 70	= 956,06
	D	103 584	: 210	= 493,26
	E	24 024	: 120	= 200,20
	F	2 496	: 190	= 13,14
	Summe			**3149,86**

Das bedeutet, daß in diesem Beispiel pro Jahr 3149,86 Reinigungsstunden anfallen.

2. Weg: Kalkulation über den Zeitaufwand in Sekunden für jede Teilleistung

Bei diesem Berechnungsweg ermittelt man in den verschiedenen Reinigungsgruppen den Zeitaufwand zur Reinigung nicht pauschal über die Quadratmeter-Stundenleistung, sondern getrennt für jede einzelne Teilleistung. Das bedeutet, daß alle anfallenden Arbeiten der Horizontal- und der Vertikalreinigung in allen Räumen einzeln benannt und zeitlich bewertet werden müssen. Die **KGSt** (**K**ommunale **G**emeinschafts**st**elle für Verwaltungsvereinfachung) arbeitet nach diesem Prinzip.

Eine solche Berechnungsart ist in hauswirtschaftlichen Betrieben nicht üblich, da dort sehr unterschiedliche Reinigungsgruppen vorliegen und die einzelnen Räume teilweise recht individuell ausgestattet sind. Der Aufwand zur Ermittlung und ständigen Aktualisierung dieser Daten wäre zu groß.

In beiden Fällen, d.h. bei beiden Wegen zur Kalkulation des Reinigungszeitaufwandes, müssen noch Zuschläge **für folgende Zeiten und Arbeiten hinzugerechnet werden:**

- *Rüstzeiten* Beschicken des Reinigungswagens, Ansetzen der Reinigungsflotte, Aufrüsten der Maschinen usw.
- *Wegezeiten* Wegezeiten zum Putzmittelraum, Wegezeiten zur Materialausgabe, Wegezeiten zum Wechseln der Reinigungsflotte usw.
- *Zeiten für Grundreinigungen*
- *Zeiten für Zwischenreinigungen*
- *Zeiten für Mopwäsche* usw.

Diese Zeiten richten sich nach Art und Häufigkeit der Arbeiten, den räumlichen Gegebenheiten sowie der maschinellen Ausstattung. Daher können sie nur nach den betriebsinternen Voraussetzungen kalkuliert werden und dann in die gesamten Jahresreinigungsstunden einfließen.

Beispiel: Für das Rechenbeispiel in diesem Kapitel wird für die oben angegebenen Zeiten und Arbeiten ein Zuschlag von 40 % gewählt, der nicht im einzelnen kalkuliert, sondern pauschal festgelegt wurde.

Somit ergibt sich folgende Rechnung:

Jahresreinigungsstunden ohne Zuschlag	3149,86
+ 40 % Zuschlag (pauschal)	1259,94
= Jahresreinigungsstunden mit Zuschlag	**4409,80**

Diese Stundenzahl ist die Grundlage für die Personal- und Kostenplanung (s. Kapitel 9.2.5).

▶ *Richtzahlen geben die m²-Reinigungsleistung pro Stunde für verschiedene Reinigungsgruppen an. Sie werden anhand von Versuchsreinigungen ermittelt.*

▶ *Die Richtzahlen für die einzelnen Reinigungsgruppen sind nicht in jedem Betrieb gleich. Sie sind von den individuellen Gegebenheiten eines Hauses abhängig.*

▶ *Teilt man die Jahresreinigungsfläche einer Raumgruppe durch ihre Richtzahl, so erhält man die Jahresreinigungszeit für die entsprechende Gruppe.*

▶ *Die Jahresreinigungszeit kann auch über den Zeitaufwand für jede Teilleistung ermittelt werden.*

▶ *In einer Gesamtkalkulation der Jahresreinigungszeiten müssen verschiedene Zuschläge berücksichtigt werden.*

---

❶ Erklären Sie folgende Aussage: Die Richtzahl der Reinigungsgruppe Z beträgt 90.

❷ Ermitteln Sie die Jahresreinigungsstunden für die Flächen verschiedener Reinigungsgruppen.
 a) Reinigungsgruppe D: 810 000 m²
 b) Reinigungsgruppe E: 72 000 m²
 c) Reinigungsgruppe F: 14 000 m²
 Orientieren Sie sich an den im Text genannten Richtzahlen.

❸ Welcher Weg zur Ermittlung der Jahresreinigungszeiten ist nach Ihrer Meinung für Ihren Betrieb geeignet? Begründen Sie Ihre Empfehlung.

9.2.5   Ermitteln des Personalbedarfs

Nach der Berechnung der gesamten Jahresreinigungszeiten für einen Betrieb folgt die **Ermittlung des Personalbedarfs**, d.h. die zur Reinigung notwendige Mitarbeiterzahl (Zahl der Personalstellen) ist zu berechnen.

Dazu wird zunächst festgestellt, an wieviel Stunden eine Vollzeitkraft pro Jahr dem Betrieb zur Verfügung steht. Dies hängt vor allem von der tariflichen wöchentlichen Arbeitszeit ab, die z.Z. mit 38,5 Stunden/Woche bzw. 7,7 Stunden/Tag bei einer 5-Tage-Woche vereinbart ist. Die verfügbare Jahresarbeitszeit einer Vollzeitkraft läßt sich folgendermaßen ermitteln:

Beispiel:	Tarifliche Wochenarbeitszeit	38,5 Stunden
	x Anzahl Wochen/Jahr	52
	= mögliche Arbeitsstunden/Jahr	2002,0 Stunden
	– Urlaub (z.B. 29 Tage)	– 223,3 Stunden
	– 11 Feiertage	– 84,7 Stunden
	– bezahlte Freistellung	– 7,7 Stunden
	– Krankheit (z.B. 12% der möglichen Arbeitsstunden/Jahr)	– 240,2 Stunden
	= verfügbare Arbeitsstunden/Jahr	**1446,1 Stunden**

Die in der Aufstellung zugrunde gelegten Feiertage variieren je nach Bundesland, die berücksichtigten Urlaubstage sind ebenfalls Durchschnittswerte. Unter „bezahlter Freistellung" sind Zeiten für Fortbildungsmaßnahmen, Messebesuche, aber auch für persönlich bedingte Freistellungen (z.B. für eigene Eheschließung, Todesfälle innerhalb der Familie u.ä.) entsprechend den Vereinbarungen der betreffenden Tarifverträge zu verstehen. Ein schwer kalkulierbarer Faktor in dieser Berechnung ist der jeweilige Krankenstand eines Betriebes, der sehr unterschiedlich ist und die konkreten Erfahrungswerte berücksichtigen sollte.

Nach dem oben aufgeführten Beispiel steht also eine Vollzeitkraft durchschnittlich an 1446,1 Stunden pro Jahr dem Betrieb zur Verfügung. Teilt man die Jahresreinigungsstunden durch diese Zahl, erhält man die erforderliche Mitarbeiterzahl, bezogen auf Vollzeitkräfte:

$$\frac{\text{Jahresreinigungsstunden mit Zuschlag}}{\text{verfügbare Arbeitsstunden/Jahr}} = \text{Mitarbeiterzahl}$$

Beispiel: $\frac{4409{,}80 \text{ Stunden}}{1446{,}10 \text{ Stunden/Jahr}}$ **= 3,05 Mitarbeiter**

Bei der Ermittlung des Personalbedarfs geht man immer von Vollzeitkräften (VK) aus, selbst wenn in der Praxis eine Aufteilung auf verschiedene Teilzeitkräfte (TK) erfolgt. Dies ist insbesondere dann üblich, wenn an Wochenenden gereinigt werden muß. Plant man Teilzeitkräfte ein – z.B. mit 25 Wochenarbeitsstunden – so ergibt sich für das oben aufgeführte Beispiel folgende Berechnung:

Beispiel: $\frac{3{,}05 \text{ VK} \times 38{,}5 \text{ Stunden}}{25 \text{ Stunden}}$ = 4,7 TK

Die im Beispiel dieses Kapitels errechneten 4409,80 Jahresreinigungsstunden können danach von 3,05 Vollzeit- oder von 4,7 Teilzeitkräften (mit 25 Wochenarbeitsstunden) erledigt werden. Auch Kombinationen von Voll- und Teilzeitkräften sind möglich.

> ► *Die Mitarbeiterzahl errechnet sich aus den Jahresreinigungsstunden und den verfügbaren Arbeitsstunden eines Mitarbeiters pro Jahr.*

❶ In einem Betrieb fallen 9000 Jahresreinigungsstunden an. Wieviel Vollzeitkräfte werden bei einem Krankenstand von 15% für diese Jahresreinigungsleistung benötigt?

❷ In einem Betrieb fallen 15000 Jahresreinigungsstunden an. Aus organisatorischen Gründen werden zwei Vollzeitkräfte beschäftigt, die restlichen Mitarbeiter sind mit 20 Wochenarbeitsstunden eingeplant. Wieviel Teilzeitkräfte werden neben den beiden Vollzeitkräften benötigt? Orientieren Sie sich an den oben aufgeführten Berechnungen.

9.2.6   Ermitteln der Reinigungskosten

Der letzte logische Schritt in der Organisation der Reinigung ist die **Ermittlung der Reinigungskosten**. Erfolgt die Reinigung in Eigenregie, müssen sie in jedem Fall kalkuliert werden, steht eine Reinigungsvergabe zur Diskussion, sollten sie zum Vergleich dienen.

Die Reinigungskosten gliedern sich in verschiedene Kostenarten, die weitgehend in den Betrieben gleich sind, und zwar im wesentlichen:

Personalkosten

Die Personalkosten setzen sich aus den Lohn- und Lohnnebenkosten sowie den Gehaltskosten für angestellte Mitarbeiter zusammen.

Die **Lohnkosten** ergeben sich aus dem tarifvertraglich festgelegten oder dem vereinbarten Lohn für die geleisteten Arbeitsstunden und werden folgendermaßen ermittelt:

Jahresreinigungsstunden x DM Stundenlohn = Lohnkosten/Jahr

Die **Lohnnebenkosten** ergeben sich aus der Summe vieler Einzelpositionen. Dazu gehören u.a.:

- *Arbeitgeberbeiträge zu den Sozialversicherungen: Krankenversicherung, Rentenversicherung, Arbeitslosenversicherung, z.T. Pflegeversicherung*
- *Beiträge zur Unfallversicherung (Berufsgenossenschaft)*
- *Urlaubs- und Feiertagslohn*
- *Zusätzliches Urlaubs- und Weihnachtsgeld: je nach tarifvertraglicher Vereinbarung*
- *Bezahlte Arbeitsfreistellung: Messebesuch, Fortbildung, persönliche Freistellung ...*
- *Lohnfortzahlung im Krankheitsfall*
- *Freiwillige soziale Leistungen: Fahrtkosten- und Essenzuschüsse, Zuschuß zur Arbeitskleidung – sofern nicht eine Schutzkleidung Vorschrift ist – usw.*

In der Summe betragen die **Lohnnebenkosten mindestens 70 % der Lohnkosten**, wobei eine steigende Tendenz zu verzeichnen ist. Die meisten Einzelpositionen variieren nicht sehr stark, solange keine tarifvertraglichen oder gesetzlichen Änderungen eintreten. Stark schwankend kann dagegen der Krankenstand und damit die Position der Lohnfortzahlung im Krankheitsfall sein.

Zu den Personalkosten können die **„Overhead-Kosten"** hinzugezählt werden. Das sind die Kosten für Mitarbeiter, die für die Reinigungsorganisation zuständig sind, z.B. die Hauswirtschaftsleitung. In manchen Betrieben werden die Kosten allerdings unter den Verwaltungskosten geführt. Ist die Hauswirtschaftsleitung nicht nur für den Bereich Hausreinigung, sondern auch für die Wäscheversorgung verantwortlich, so müssen die Kosten hier anteilig aufgeteilt werden. Ein Teil der entstehenden Overhead-Kosten zählt dann zu den Reinigungskosten, ein anderer zu der Position Wäscheversorgung.

Verbrauchskosten
Zu den Verbrauchskosten zählen im Bereich Reinigung in erster Linie die Kosten für Reinigungs-, Pflege- oder Desinfektionsmittel. Hinzu kommen Kosten für Arbeitsmittel, die einem schnellen Verschleiß unterliegen, z.B. Wischmops, Wischtücher, Schwämme, Pads, Besen, Gabelmops usw.

Kapitalkosten
Die Kapitalkosten umfassen die Abschreibungen von langlebigen Geräten und Maschinen sowie die Zinsen auf die Anschaffungskosten dieser Wirtschaftsgüter.
Werden Maschinen nicht vom Betrieb gekauft, sondern nur geleast (gemietet), so entfallen die Kapitalkosten, es sind dann nur die **Leasinggebühren** zu kalkulieren.

Reparatur- und Wartungskosten
Reparaturkosten fallen in unterschiedlichem Umfang bei den Reinigungsmaschinen an. Für große Maschinen werden häufig mit den Herstellern Wartungsverträge abgeschlossen, die eine regelmäßige Überprüfung und Pflege der Maschinen umfassen. Diese Verträge sind auch bei allen Dosieranlagen üblich.

Fremdleistungen
Werden Fremdleistungen eingekauft, so sind diese mit zu kalkulieren. Üblich ist heute die Vergabe der Glasreinigung, selbst wenn sonst im Betrieb die Eigenreinigung gewählt wird. Die Mopwäsche kann ebenfalls als Fremdleistung anfallen, wenn diese an eine Wäscherei vergeben wird.

Die bisherigen Kostenarten fließen direkt in die Jahresreinigungskosten ein, die nachfolgenden dagegen können nur anteilig bzw. pauschal festgelegt werden, da sie nicht ausschließlich im Bereich der Reinigung entstehen.

Verwaltungskosten

Die Verwaltungsabteilung eines Hauses erfüllt Aufgaben für alle Abteilungen, z.B. Lohn- und Gehaltsabrechnungen, Einkauf, Ausschreibungen usw. Diese Kosten werden meist über Umlageschlüssel auf alle Abteilungen des Betriebes verteilt, z.B. anteilig bezogen auf die Zahl der Mitarbeiter, die in einer Abteilung tätig sind.

Energiekosten

Hierzu gehören die Kosten für Strom, Wasser und Wasserrückführung. Auch hierbei ist keine direkte Kostenermittlung für den Bereich Reinigung möglich. Es kann nur pauschal kalkuliert werden.

Abfallbeseitigungskosten

Eine getrennte Kalkulation bereitet auch hier Schwierigkeiten, da Abfall auch aus vielen anderen Bereichen des Betriebes anfällt, z.B. aus der Küche, aus dem Pflegebereich, aus der medizinischen Versorgung usw. Die Kalkulation erfolgt ebenfalls pauschal.

Von allen Kostenarten machen die Personalkosten den größten Umfang aus, so daß Kostenreduzierungen meist nur an dieser Stelle spürbar sind. Das erfolgt häufig über eine Reduzierung der Leistung. Ob diese im Einzelfall sinnvoll ist, bleibt zu überdenken.

> ► *Ein Teil der Reinigungskosten kann direkt dem Bereich Reinigung zugeordnet werden, andere sind nur als Umlagekosten zu verteilen.*
> ► *Die Personalkosten machen den größten Einzelposten bei der Reinigung aus, Kostenreduzierungen sind weitgehend nur hier realisierbar.*

❶ Eine Mitarbeiterin steht im Jahr 1 446,1 Arbeitsstunden zur Verfügung. Berechnen Sie die für sie entstehenden Personalkosten bei einem Lohnnebenkostensatz von 70% (75%). Der vereinbarte Stundenlohn liegt bei 13,50 DM.

❷ Welche Kosten sind direkt den Reinigungskosten zuzurechnen und welche werden üblicherweise über Umlageschlüssel ermittelt?

9.2.7 Erstellen von Reinigungsplänen

Nachdem alle betriebswirtschaftlichen Überlegungen und Kalkulationen angestellt sind, müssen die im Leistungsverzeichnis benannten Reinigungsarbeiten in Tages- und Wochenarbeitspläne der einzelnen MitarbeiterInnen übertragen werden. Dazu erstellt man **Reinigungspläne**. Sie legen konkret für die einzelnen Bereiche/Etagen eines Hauses fest, wann, wo, was, wie, womit gereinigt wird.

Die Aufstellung eines solchen Planes erfordert zahlreiche **organisatorische Überlegungen**. Nicht jede Reinigungsleistung fällt an jedem Arbeitstag an, manche sind nur ein-, zwei- oder dreimal wöchentlich, in zweiwöchentlichem oder in monatlichem Abstand vorgesehen. Es ist die Aufgabe der Hauswirtschaftsleitung oder der Objektleitung, diese Tätigkeiten so auf die Wochentage zu verteilen, daß die tägliche Gesamtreinigungszeit – und damit die Arbeitszeit der Mitarbeiter – weitgehend gleich bleibt. Für jeden Tag sollte ein bestimmter **Schwerpunkt** gewählt werden.

Tabelle 9.7 Reinigungsplan für eine Unterhalts- und Sichtreinigung in einer Tagungsstätte

Bettentrakt: 1   Etage: 1   Name: *Frau Meier*

Wann? Zeiten (Mo-Fr)	Wo? Raum	Was? Wie? Reinigungsaufgabe	Wann? Wochentag							Womit? Arbeitsmittel
			Mo	Di	Mi	Do	Fr	Sa	So	
8.00-8.25	Etagenputz-raum	● Reinigungs-/ggfs. Wäschewagen aufrüsten, Reinigungsflotten ansetzen	X	X	X	X	X	X	O	
		● Materialausgabe			X					
	alle Räume	● Abfall/Wertstoffe entsorgen, ggfs. Abfallbehälter feucht reinigen, Müllbeutel wechseln	X	X	X	X	X	X	O	blauer Eimer
8.25-10.15	Gastzimmer	● lüften, Gardinen ausrichten, Betten machen	X	X	X	X	X	X	X	
		● Betten beziehen					X			
		● Tisch, Ablage am Bett feucht reinigen	X	X	X	X	X	X	O	blauer Eimer
		● Stühle, Wandlampe, Schrank außen (Griffbereich), Schalter, Bilder, Oberkante Heizkörper		X			X			blauer Eimer
		● Türgriffe, Türblatt und -zarge im Griffbereich	X		X		X			blauer Eimer
		● Fußboden naß wischen	X				X			Fußbodenreiniger
		● Fußboden feucht wischen		X	X	X			O	Feuchtwischtuch
	Naßzellen	● Dusche, Waschbecken, Armaturen, Seifenschalen, Spülkasten/-griff, WC-Papierhalter, Fliesen im Spritzbereich feucht/naß reinigen	X	X	X	X	X	X	O	gelber Eimer
		● Spiegel, Leuchte, Ablage, Oberkante Heizkörper feucht reinigen		X			X			gelber Eimer
		● WC (Objekt, Sitz, Deckel), WC-Bürste und Halter naß reinigen	X	X	X	X	X	X	O	roter Eimer
		● Handtuchwechsel (sowie nach Bedarf)		X			X			
		● Türgriffe, Türblatt und -zarge im Griffbereich	X		X		X			blauer Eimer
		● Fußboden naß wischen	X				X			Fußbodenreiniger
		● Fußboden feucht wischen		X	X	X			O	Feuchtwischtuch
		● **Schwerpunkte wechselnd**		**S**		**S**				
10.15-10.45	Flur/Treppe	● Schalter, Bilder, Wandlampen, Oberkante Heizkörper, Blumenkübel, Treppengeländer feucht reinigen	X							blauer Eimer
		● Fußboden naß wischen	X				X			Fußbodenreiniger
		● Fußboden feucht wischen		X	X	X			O	Feuchtwischtuch
10.45-11.15	Wäschelager	● Mobiliar, Einrichtungsgegenstände, Wäschewagen abwechselnd feucht reinigen (jeweils min. 1x monatlich)				X				blauer Eimer
		● Fußboden naß reinigen				X				Fußbodenreiniger
	Etagen-putzraum	● Mobiliar, Einrichtungsgegenstände, Schmutzwäschewagen, Geräte abwechselnd feucht reinigen (jeweils min. 1x monatlich)				X				blauer Eimer
		● Reinigungswagen, Wertstoffsammler feucht reinigen				X				blauer Eimer
		● Fußboden naß reinigen (sowie nach Bedarf)				X				Fußbodenreiniger
		● Reinigungswagen abrüsten, Ausgußbecken naß reinigen	X	X	X	X	X	X	O	gelber Eimer
		● Wischbezüge, Schmutzwäsche, Abfall/Wertstoffe abtransportieren	X	X	X	X	X	X	O	

freitags bis 11.45 Uhr (Gastwechsel)

Fortsetzung Reinigungsplan für eine Unterhalts- und Sichtreinigung in einer Tagungsstätte								

Bettentrakt: 1   Etage: 1   Name: *Frau Meier*

Wann? Wo? Zeiten Raum (Mo-Fr)	Was? Wie? Reinigungsaufgabe	Wann? Wochentag Mo Di Mi Do Fr Sa So	Womit? Arbeits- mittel
Wechselnde Schwerpunkte Di	1. Woche/Monat: Flur rechts alle Heizkörper und Fußleisten feucht reinigen	X	blauer Eimer
	2. Woche/Monat: Flur links alle Heizkörper und Fußleisten feucht reinigen	X	blauer Eimer
	3. Woche/Monat: Flur rechts Spinngewebe entfernen, alle Türen feucht reinigen	X	blauer Eimer
	4. Woche/Monat: Flur links Spinngewebe entfernen, alle Türen feucht reinigen	X	blauer Eimer
Wechselnde Schwerpunkte Fr	1. Woche/Monat: Flur rechts alle Matratzen und Polster saugen, Schrank innen	X (Fr)	blauer Eimer
	2. Woche/Monat: Flur links alle Matratzen und Polster saugen, Schrank innen	X (Fr)	blauer Eimer
	3. Woche/Monat: Flur rechts Duschvorhänge wechseln, alle Fliesen, Bodenabläufe naß reinigen	X (Fr)	gelber Eimer
	4. Woche/Monat: Flur links Duschvorhänge wechseln, alle Fliesen, Bodenabläufe naß reinigen	X (Fr)	Fußbodenreiniger

Bei Bedarf zu erledigen: – Fleckentfernung auf Polstern
                          – WC-Papier auffüllen
                          – Handtücher wechseln

Reinigungsflotte wechseln nach Abfallsammlung, bei Bedarf, spätestens nach sechs Zimmern!

X = Unterhaltsreinigung   O = Sichtreinigung (verkürzt)   S = Schwerpunkt

Ein solcher Reinigungsplan muß immer den Gegebenheiten des betreffenden Hauses angepaßt sein und ist somit nicht ohne weiteres übertragbar auf einen anderen Betrieb. Je nach Dauer der Arbeitszeit ist eine Pause einzuplanen.

Weiterhin müssen beim Aufstellen eines Reinigungsplans auch die **Besonderheiten des Betriebes** berücksichtigt werden, d.h. in jedem Haus sind die Reinigungszeiten auf den Tagesablauf der Patienten, Bewohner oder Gäste abzustimmen. Im Krankenhaus oder Pflegeheim sollte erst dann mit der Reinigung des Patientenzimmers begonnen werden, wenn die Patienten gebettet oder gewaschen wurden, in einem Altersheim, einer Kurklinik, einer Tagungsstätte, nachdem die Bewohner/Gäste zum Frühstück gegangen sind. Da die Arbeitszeit für die MitarbeiterInnen der Reinigung meist früher beginnt, plant man dann zunächst die Reinigung anderer Räume ein, z.B. Fernsehraum, Dienstzimmer, Besucher-WC o.ä.
Für bestimmte Abteilungen sind die Nachmittags- oder Abendstunden zur Reinigung vorzuziehen, z.B. für die Therapieräume einer Kurklinik. Die medizinischen Anwendungen beginnen hier in der Regel sehr früh am Vormittag und enden am frühen Nachmittag. In der Mittagszeit sollten keine Reinigungsarbeiten auf den Etagen stattfinden, um die Mittagsruhe zu gewährleisten.

Reinigungspläne enthalten **Zeitvorgaben** für die einzelnen Reinigungstätigkeiten, für Pausenzeiten der MitarbeiterInnen und Rüstzeiten. Diese Vorgaben können sich in geringem Umfang verschieben, da an jedem Tag in einem anderen Raum schwerpunktmäßig gereinigt wird. In der Reinigungsorganisation haben die Reinigungspläne die Funktion einer **Arbeitsanweisung**. Sie sollten klar und übersichtlich gestaltet und in verständlicher Sprache formuliert sein. Das gilt vor allem beim Einsatz ausländischer MitarbeiterInnen. **Piktogramme** erleichtern oftmals das Verständnis. Diese Pläne hängen im Etagenputzraum aus und sollten bei neuen MitarbeiterInnen auf dem Reinigungswagen mitgeführt werden.

Im Betrieb werden die Reinigungspläne in erster Linie für die **Unterhalts- und Sichtreinigung** aufgestellt. Bei einer Grundreinigung sind feste Zeitvorgaben schwierig, da der notwendige Zeitaufwand schwer kalkulierbar ist. Zwischenreinigungen sind nur in Einzelfällen in die Unterhaltsreinigung mit eingeplant, z.B. die Fleckentfernung bei Polstermöbeln oder bei Teppichböden. Alle Reinigungsarbeiten, für die ein besonderes Arbeitsmittel mitgeführt werden muß (z.B. die Leiter zur Reinigung der Abluftgitter in den Naßzellen) sollten für die Zwischenreinigung vorgesehen werden.

> ▶ *Reinigungspläne geben den MitarbeiterInnen an, wann, wo, was, wie, womit gereinigt wird. Sie werden auf der Grundlage des Leistungsverzeichnisses erstellt und müssen auf die Gegebenheiten des Betriebes abgestimmt sein.*

● Erkundigen Sie sich nach dem Reinigungsplan einer Station/Abteilung Ihres Betriebes. Enthält der Plan entsprechende Schwerpunkte? (s. Tabelle 9.7)

9.3   Reinigungskontrolle

Eine Reinigungskontrolle beschränkt sich nicht allein darauf, Fehler festzustellen und zu beheben. Fast ebenso wichtig ist es, die MitarbeiterInnen zum Mitdenken zu erziehen und Verantwortungsbewußtsein zu wecken.

Die Reinigungskontrolle gliedert sich folgendermaßen:

Reinigungskontrolle
● Kontrolle der Durchführung der Reinigung
● Ergebniskontrolle
● Kontrolle der Einhaltung rechtlicher Bestimmungen

Ergeben sich bei den Kontrollen Erkenntnisse, daß Ziele nicht erreicht oder vorgegebene Zeiten nicht eingehalten werden können, so muß eine Überprüfung der Vorgaben erfolgen. Das kann bedeuten:

● Änderung der Vorgabe im Leistungsverzeichnis

● Überprüfung der Zeitvorgaben und des Personalschlüssels

● Anpassung der Reinigungspläne

● Korrektur der Kostenkalkulation

9.3.1 Kontrolle der Durchführung der Reinigung

Kontrolle des Personals

Die Personalkontrolle umfaßt sowohl die Feststellung der Anwesenheit als auch die Einhaltung der Arbeitszeit. Je nach Größe des Betriebes und nach Zahl der Mitarbeiter kann das durch persönliches Melden oder Abmelden bei der Reinigungsleitung geschehen oder mit Hilfe von Zeiterfassungsgeräten.

Im Interesse des Betriebes und aufgrund der Unfallverhütungsvorschriften ist die Arbeitskleidung zu prüfen. Eine saubere und gepflegte Arbeitskleidung ist für das Image des Betriebes wichtig und aus Hygienegründen (Keimübertragung) notwendig. Schutzhandschuhe und gegebenenfalls die Schutzbrille beim Umgang mit Gefahrstoffen (s. Kapitel 5.7.2) gehören ebenso zur Arbeitskleidung wie rutschfeste Arbeitsschuhe.

Kontrolle der Behandlungsmittel

Der **zweckentsprechende Einsatz** der Behandlungs- und zugehörigen Hilfsmittel ist ebenfalls zu prüfen. Dabei spielt die Einhaltung des 4-Farben-Systems eine wichtige Rolle (s. Kapitel 4.2.2).

Ein falscher Einsatz der Produkte kann zur Werkstoffschädigung und zu einem unzureichenden Reinigungsergebnis führen, bei Vertauschen der vorgesehenen Arbeitsmittel (Schwämme oder Reinigungstücher) muß mit einer Keimverschleppung gerechnet werden.

Aus Gründen der Kostenreduzierung, der Umweltentlastung und aus Hygienegründen ist die Einhaltung der richtigen **Menge der Reinigungslösung** von Bedeutung. Bei der Einweg-Mop-Methode kann z.B. nahezu die komplette Reinigungsflotte verbraucht werden, eine zu große Flottenmenge ist hier Verschwendung, wohingegen eine zu geringe Menge an Reinigungsflotte bei der Zwei-Eimer-Methode unhygienisch ist.

Das Abmessen der richtigen **Konzentration der Lösung** ist bei Reinigungs- und Pflegemitteln, vor allem aber beim Einsatz von Desinfektionsreinigern oder Desinfektionsmitteln wichtig. Eine zu geringe Konzentration führt zu einer unzureichenden Reinigungs-, Pflege- oder Desinfektionswirkung, eine zu hohe Konzentration ist oft gesundheitsschädlich für die Mitarbeiter, werkstoffschädigend, teuer und umweltbelastend. Die Kontrollmöglichkeiten werden hier häufig vom Hersteller mitgeliefert. So können Teststreifen oder Teststäbchen eingesetzt werden, die wie ein Indikatorpapier mit einem Farbumschlag reagieren. Mittels einer zugehörigen Farbskala ist die Konzentration abzulesen. Diese Testmöglichkeiten sind allerdings streng produktspezifisch, d.h. die Aussage ist nur für das eine Produkt gültig und somit auf kein anderes Behandlungsmittel übertragbar.

Verbrauchskontrolle

Verbrauchskontrollen beziehen sich in erster Linie auf die ausgegebenen Behandlungsmittel, aber auch z.B. auf verbrauchte Wassermenge (s.u.) oder Wischtücher. Der Verbrauch an Behandlungsmitteln kann indirekt über die Ausgabemenge kontrolliert werden. Alle Produkte, die „zur freien Verfügung" in den Putzmittelräumen stehen, werden häufig in größeren Mengen als notwendig verbraucht. Es ist die Aufgabe der Hauswirtschaftsleitung oder der betreffenden Objektleitung, die notwendigen Reinigungsmittelmengen für einen bestimmten Zeitraum zu kalkulieren (etwa für eine Woche) und nur diese Menge bereitzustellen.

Kontrolle der Geräte und Maschinen

Geräte und Maschinen sind in regelmäßigen Abständen auf ihre ordnungsgemäße Reinigung und Pflege hin zu prüfen, um Funktionstüchtigkeit und lange Lebensdauer zu garantieren. Mit den Pflege- und Wartungsarbeiten größerer Maschinen werden häufig die Herstellerfirmen über Wartungsverträge beauftragt.

Kontrolle des Reinigungsablaufs

Der Ablauf der Reinigung ist für jeden Mitarbeiter in einem Arbeits- oder Reinigungsplan festgelegt und sollte im vorgesehenen Umfang und in der genannten Reihenfolge eingehalten werden. So kann die Hauswirtschaftsleitung oder Objektleitung zu jeder Zeit nachvollziehen, wo sich einzelne MitarbeiterInnen aufhalten und mit welcher Reinigungsarbeit sie gerade beschäftigt sind. Nur wenn der Reinigungsablauf wie geplant vorgenommen wird, können die vorgegebenen Reinigungszeiten geprüft und bei Bedarf korrigiert werden.

Zur Ablaufkontrolle gehört auch die Überprüfung auf richtige Bedienung und Handhabung von Maschinen und Geräten. So müssen z.B. die richtige Pad- oder Bürstenauswahl der Scheibenmaschine für einen bestimmten Bodenbelag, die exakte Führung des Wischgerätes oder die richtige Vorgehensweise bei der Naßreinigung nach der Zwei-Eimer- oder der Einweg-Mop-Methode geprüft werden.

Es ist weiterhin zu überwachen, daß das Reinigungspersonal nicht zu reinigungsfremden Arbeiten herangezogen wird.

> ▶ *Kontrollmaßnahmen sind während der Durchführung der Reinigung und nach ihrer Beendigung notwendig. Sie sichern eine umweltgerechte, hygienisch einwandfreie, gesundheitsfreundliche, kostengünstige und werkstoffschonende Reinigung.*

● Beschreiben Sie Kontrollmaßnahmen, die an einer von Ihnen bedienten Maschine durchzuführen sind.

9.3.2   Ergebniskontrolle

Sichtkontrolle

Die Sicht- oder optische Kontrolle wird am häufigsten zur Überprüfung des Reinigungsergebnisses angesetzt. Sie sollte zwar regelmäßig, aber unangekündigt und in nicht vorhersehbaren Abständen erfolgen. Es ist sinnvoll, entweder stichprobenartig bestimmte Bereiche des Hauses zu prüfen (z.B. eine Etage, jeweils einen Raum pro Etage) oder Stellen, die sich schon früher als Problempunkte gezeigt haben (z.B. in allen Bädern die Bodenabflüsse und die Abluftgitter).

Zur Unterstützung der Kontrolle bieten sich „Checklisten" an, in denen jedes zu reinigende Objekt aufgeführt ist. Bei einem Kontrollgang wird das Reinigungsergebnis in dieser Checkliste festgehalten. Ist die Reinigung an eine Fremdfirma vergeben, sollten die Ergebnisse unbedingt schriftlich festgehalten werden, um die Beanstandungen belegen zu können. Bei Eigenreinigung erleichtern die Checklisten der Hauswirtschaftsleitung die Rücksprache mit den MitarbeiterInnen und sind gleichzeitig eine Erinnerung an eine entsprechende Nachbesserung (s. Abbildung 9.4).

Möglich ist auch eine **Bewohner-/Patientenbefragung,** mündlich oder auch schriftlich, etwa mit einem Fragebogen, in dem dazu Stellung bezogen werden kann.

Mikrobiologische Kontrolle

Die mikrobiologische Kontrolle wird zur Prüfung des Desinfektionserfolges nach Anwendung von Desinfektionsreinigern oder Desinfektionsmitteln eingesetzt.

Zum Nachweis von Keimen sind **Abklatsch- oder Abstrichtests** geeignet. Bei einem Abklatschtest berührt man die zu kontrollierende Fläche mit einem Nährboden (gelatineartige Masse, auf der Keime besonders gut gedeihen). Eventuell vorhandene Erreger bleiben auf ihm haften, werden 48 Stunden in einem Wärmeschrank bei 30 – 35 °C bebrütet und anschließend ausgezählt. Ein Abklatschtest kann nur auf einer glatten Fläche durchgeführt werden (z.B. Fußboden- oder Wandfläche). Zur Prüfung eines Desinfektionserfolges an Ecken, Kanten oder hinter Rohren und dergleichen setzt man den Abstrichtest ein. Mit einem sterilen Wattetupfer streicht man über die zu prüfende Fläche und anschließend über einen Nährboden. Danach wird weiterbehandelt wie beim Abklatschtest.

Checkliste zur Reinigungskontrolle
Etage: **MitarbeiterIn:**

Reinigungsgegenstand	**Raum**							
Spinngewebe/Decke/Wand								
Deckenlampe								
Fensterbank								

Heizung/-srohre	Schrank/innen/außen	Lüftungsgitter	WC-Bürste/-halter
Wandlampe	Fußboden	Waschbecken	WC-Papierhalter
Schreibplatte/-ablage	Fußbodenleisten	Waschbecken/Armaturen	Spülkasten
Stuhl/-polster	Türstopper	Waschbecken/unten	Heizkörper/-rohre
Sessel/-polster	Türgriff/-blatt/-rahmen	Seifenschale	Wandhaken
Papierkorb	Duschbecken	Ablage/Zahnglas	Hocker
Bettkanten	Fliesen Dusche	Spiegel/-lampe	Abfalleimer
Nachtschrank/-schublade	Armaturen Dusche	Handtuchhalter	Fußboden
Bilder/Wandhaken	Duschstange	WC-Becken/innen	Fußbodengully
Schalter	Duschvorhang	WC-Becken/außen	
Steckdosen	Wandfliesen	WC-Deckel/-Brille	

Erklärung: O = geprüft, ohne Beanstandung   X = mangelhaft gereinigt   XX = nicht gereinigt

Datum:_____   Unterschrift: _____

Abbildung 9.4   Checkliste zur Reinigungskontrolle

Diese mikrobiologische Kontrolle zieht man nur in den Betrieben heran, in denen ein erhöhtes Infektionsrisiko besteht und in denen ein Hygieneplan solche regelmäßigen Kontrollen verlangt, z.B. in Krankenhäusern oder in Pflegeheimen. In anderen Betrieben ist diese Kontrolle in der Regel überflüssig.

Die nicht im Leistungsverzeichnis festgelegten Reinigungsarbeiten – die **Sonderleistungen** – sind häufig schwer zu überprüfen. Diese Arbeiten sollten möglichst immer mit der Hauswirtschaftsleitung und/oder mit der Objektleitung abgesprochen sein. So können bei einer Fremdreinigung spätere Abrechnungsschwierigkeiten vermieden werden.

170

> ▶ *Die häufigste Ergebniskontrolle ist die Sichtkontrolle.*
> ▶ *Mikrobiologische Kontrollen werden in Häusern mit erhöhtem Infektionsrisiko durchgeführt.*

❶ Begründen Sie die Notwendigkeit einer mikrobiologischen Kontrolle in einem Krankenhaus.

❷ Berichten Sie über die Erfahrungen / Ergebnisse bei einem Kontrollgang in ihrem Betrieb.

❸ Erfragen Sie „Problempunkte", die in ihrem Haus häufig bei Reinigungskontrollen angetroffen wurden.

9.3.3   Kontrolle der Einhaltung rechtlicher Bestimmungen

Die Reinigungsleitung muß die Einhaltung rechtlicher Bestimmungen und sonstiger Vorschriften kontrollieren, z.B. der **Unfallverhütungsvorschriften (UVV)**, der **Gefahrstoffverordnung (GefStoffV)** oder der behördlichen **Vorschriften zur Abfallsortierung.**

Nach den **Unfallverhütungsvorschriften** ist der Betrieb verpflichtet, für die Sicherheit am Arbeitsplatz zu sorgen und die Gegenstände zu beschaffen, die zum Schutz der Mitarbeiter notwendig sind. Bei der Reinigung bezieht sich diese Forderung z.B. auf das Bereitstellen von Warnschildern, Sicherheitshandschuhen, ggf. Sicherheitsbrillen oder spezieller Sicherheitsleitern. Das Reinigungspersonal ist zur Einhaltung der im Betrieb geltenden Unfallverhütungsvorschriften verpflichtet. Aufgabe der Reinigungsleitung ist es aber, die Einhaltung dieser Vorschriften zu prüfen. Die für die Gebäudereinigung geltenden Unfallverhütungsvorschriften werden von der Bau-Berufsgenossenschaft herausgegeben.

Die **Gefahrstoffverordnung** legt u.a. die Schutz- und Überwachungspflicht des Arbeitgebers fest. Danach ist dieser nicht nur verpflichtet, Schutzausrüstungen für die MitarbeiterInnen bei Umgang mit Gefahrstoffen bereitzustellen, sondern auch das Tragen der vorgeschriebenen Schutzausrüstungen (z.B. Schutzhandschuhe, -brille) zu überwachen. Die Reinigungsleitung hat weiterhin zu prüfen, daß die beim Umgang mit Gefahrstoffen vorgeschriebene Betriebsanweisung (s. Kapitel 5.7) bekanntgemacht wird, daß alle MitarbeiterInnen im Umgang mit Gefahrstoffen vor Beschäftigungsbeginn und anschließend mindestens einmal jährlich unterwiesen werden und dies schriftlich bestätigen. Die Einhaltung weiterer Vorschriften, wie z.B. sachgerechte Entsorgung der Gefahrstoffe, ist ebenfalls zu prüfen.

Die im Haus festgelegte **Wertstoffsammlung** und die vorgeschriebene **Abfallentsorgung** sollte ebenfalls regelmäßig durch die Reinigungsleitung kontrolliert werden. Bestimmte Abfallarten sind als Sondermüll zu entsorgen (z.B. Reste aggressiver Reinigungsmittel). Die Schmutzflotte gehört nach der Reinigung in das vorgesehene Ausgußbecken im Putzmittelraum und damit in die Kanalisation und nicht in den Straßengulli vor dem Haus!

> ▶ *Der Betrieb ist verpflichtet, die Einhaltung der rechtlichen Bestimmungen zu kontrollieren.*

In kleineren Häusern mit **Eigenreinigung** wird die Kontrolle direkt von der Hauswirtschaftsleitung wahrgenommen. Je größer der Betrieb ist und je mehr Reinigungspersonal vorhanden ist, desto vielfältiger sind die Kontrollorgane. So liegt z.B. in einem Krankenhaus die Kontrolle direkt am Arbeitsplatz bei dem/der VorarbeiterIn, dann folgt die Hauswirtschaftsleitung und zuletzt die Krankenhausleitung (Verwaltungsleiter oder technischer Leiter). Da das Krankenhaus einen Bereich mit erhöhtem Infektionsrisiko darstellt, hat der Gesetzgeber hier ein besonderes Kontrollorgan vorgesehen, die Hygienekommission. Sie stellt für die verschiedenen Bereiche des Hauses Hygienepläne auf und veranlaßt die notwendigen Kontrollen. Der Hygienekommission gehören Mitarbeiter aus den verschiedenen Bereichen des Hauses an, z.B. der ärztliche Leiter des Hauses, der Verwaltungsleiter, der technische Leiter, die Pflegedienstleitung, der Krankenhaushygieniker, der Desinfektor, möglichst der Leiter der Hausreinigung u.a.

Ist die Reinigung an eine **Fremdfirma** vergeben, tritt an die Stelle der Hauswirtschaftsleitung zunächst die Objektleitung als Kontrollorgan. In der Praxis nehmen Objektleitung der Fremdfirma und Hauswirtschaftsleitung die Reinigungskontrolle gemeinsam vor. Die Ergebnisse halten beide in den erwähnten Checklisten (s. Kapitel 9.3.2) fest und zeichnen diese gemeinsam ab. Die Hauswirtschaftsleitung ist den MitarbeiterInnen der Fremdfirma gegenüber nicht weisungsbefugt, sie kann daher weder Mängel direkt benennen noch eine Nachbesserung verlangen. Ohne eine Kontrolle durch eigenes Personal kommt man bei der Reinigungsvergabe nicht aus.

Der Umfang der Reinigungskontrolle ist bei Eigen- oder Fremdreinigung unterschiedlich. Für die Hauswirtschaftsleitung wird die regelmäßige Reinigung und Pflege der Geräte und Maschinen oder der Verbrauch an Behandlungsmitteln kein Kontrollpunkt sein, wenn die Reinigung an ein Dienstleistungsunternehmen vergeben wurde. Sie wird dann in erster Linie die Ergebniskontrolle vornehmen.

Reinigungskontrollen sollten insgesamt so häufig wie möglich vorgenommen werden. Tägliche Kontrollen/Stichproben sind oft nicht möglich, ein wöchentlicher Rhythmus ist aber wünschenswert. Für bestimmte Objekte schreibt der Hygieneplan im Krankenhaus einen festen Zeitplan der Kontrollen vor, etwa für Dosieranlagen.

Hat ein Betrieb die Fremdfirma gewechselt, so sollten die Überprüfungen zunächst intensiver sein. Das gilt auch nach Einstellung neuer MitarbeiterInnen. Hier ist die Reinigungskontrolle als Hilfestellung und Beratung zu verstehen.

> ▶ *Bei Eigenreinigung führt die Hauswirtschaftsleitung die Reinigungskontrolle durch.*
> ▶ *Bei Fremdreinigung führt die Objektleitung der Fremdfirma gemeinsam mit der Hauswirtschaftsleitung die Reinigungskontrolle durch.*

❶ Erkundigen Sie sich nach den Kontrollorganen in Ihrem Betrieb.

❷ Die Hygienekommission eines Krankenhauses setzt sich aus Vertretern verschiedener Abteilungen zusammen. Begründen Sie die Notwendigkeit dieser Entscheidung.

9.4   Eigen- und Fremdreinigung

Bei der Gestaltung der Organisationsstruktur der Reinigung steht für den Betrieb die grundsätzliche Entscheidung zwischen Eigen- und Fremdreinigung an. Wird **Eigenreinigung** gewählt, so liegt die gesamte Organisation der Reinigung – von der Planung bis zur Kontrolle – in der Hand der Hauswirtschaftsleitung; MitarbeiterInnen des Reinigungsdienstes sind Angestellte des Betriebes. **Fremdreinigung** bedeutet, daß die Reinigungsarbeiten an eine Dienstleistungsfirma vergeben werden; alle organisatorischen Aufgaben sind auf diese Firma übertragen, die MitarbeiterInnen der Reinigung sind Angestellte dieses Unternehmens.

9.4.1   Vergleich beider Formen

Ein entscheidender Unterschied zwischen Eigen- und Fremdreinigung besteht in dem **Kontakt** zwischen Reinigungspersonal und Hauswirtschaftsleitung. Im Falle der Eigenreinigung ist die Hauswirtschaftsleitung direkt weisungsbefugt gegenüber ihren MitarbeiterInnen und kann daher Beanstandungen der Reinigungsleistung direkt ansprechen und die Beseitigung der Mängel umgehend veranlassen. Sind fremde MitarbeiterInnen beschäftigt, so muß bei Reklamationen die Objektleitung der Reinigungsfirma informiert werden. Da diese aber nicht immer verfügbar ist – sie betreut oft mehrere Objekte – liegt häufig eine längere Zeitspanne zwischen Beanstandung und erforderlicher Nachbesserung. In vielen Fällen ist die Beseitigung der Mängel für den Betrieb dann nicht mehr von Bedeutung, da inzwischen die Reinigung durch eigenes Personal unumgänglich wurde.

Die laufenden Rücksprachen mit der Objektleitung führen zu einer erheblichen zeitlichen Belastung der hauswirtschaftlichen Betriebsleiterin. Es ist grundsätzlich nicht davon auszugehen, daß mit der Entscheidung für die Reinigungsvergabe **„Overhead-Kosten"** (Kosten für die Leitung) eingespart werden können oder daß die Hauswirtschaftsleitung von allen Problemen der Reinigung befreit ist.

Da bei der Eigenreinigung direkte Weisungsbefugnis zu dem Reinigungspersonal besteht, ist hier die **Flexibilität** größer. Unvorhergesehene Arbeiten können leichter eingeschoben werden, so daß Sonderleistungen (s. Kapitel 9.2.1) mit ihrem recht hohen Kostenanteil entfallen. Zwischenreinigungen (z.B. Gardinenreinigung) plant man dann ein, wenn der Termin für den Betrieb günstig ist, sie müssen nicht langfristig vorab festgelegt werden.

Die **Motivation der Mitarbeiter** ist meist bei Eigenreinigung größer, da sie Angestellte des Hauses sind. Sie identifizieren sich stärker mit dem Betrieb, haben besseren Kontakt zu anderen MitarbeiterInnen und vor allem eine bessere Beziehung zu den Bewohnern des Hauses. Sie fühlen sich für „ihre" Station oder Abteilung verantwortlich.

Auch wenn die größere Motivation der MitarbeiterInnen für eine Eigenreinigung spricht, so ziehen doch viele Betriebe die Reinigungsvergabe vor, um das **Personalproblem** zu meiden. Kleinere Betriebe, bei denen der Personalschlüssel nur wenige Stellen für die Reinigung ausweist, können Urlaubs- und Krankheitstage des Personals nur schwer ausgleichen. Es müssen Vertretungen (Springer) zur Verfügung stehen oder Umsetzungen anderer MitarbeiterInnen im Haus erfolgen. Der damit verbundene Organisationsaufwand ist für die Hauswirtschaftsleitung erheblich. Größere Betriebe können dieses Problem allerdings leichter lösen.

Die **Einweisung und Schulung** des Personals ist bei Eigen- und Fremdreinigung nicht einheitlich zu bewerten. Manche Gebäudereinigungsfirmen schulen ihre Mitarbeiter recht intensiv, andere dagegen nur äußerst oberflächlich. Wünschenswert ist eine Betreuung neuer Mitarbeiter durch die Objektleitung über mehrere Tage oder Wochen – je nach Art des Reinigungsobjektes.

Bei der Eigenreinigung ermöglichen der direkte Kontakt der Hauswirtschaftsleitung und ihre unmittelbare Weisungsbefugnis dagegen eine gezielte Schulung, bezogen auf die speziellen Belange des Hauses oder sogar der Station. Das wirkt sich in der Regel positiv auf die Reinigungsleistung aus, so daß Beanstandungen durchaus seltener sind.

Mit der Entscheidung für die Eigenreinigung liegt die **Verantwortung** für den Hygienestandard des Hauses und vor allem für die Einhaltung aller gesetzlichen oder behördlichen Bestimmungen, die die Reinigung betreffen (Unfallverhütungsvorschriften, Gefahrstoffverordnung), bei der Hauswirtschaftsleitung. Es ist daher ihre Aufgabe, sich ständig über Neuerungen oder Änderungen dieser Bestimmungen zu informieren und sie im Betrieb umzusetzen. Diese Verantwortung wird bei der Reinigungsvergabe auf die Reinigungsfirma übertragen.
Auswahl und Einkauf sämtlicher Arbeits-, Reinigungs- und Pflegemittel erfordern umfangreiche Informationen. Der Gebäudereiniger ist Spezialist auf diesem Gebiet, hat eine gute Marktübersicht und ist damit in der Regel auf dem neuesten Stand der Technik. Da bei der Reinigungsvergabe meist Geräte und Maschinen gestellt werden, entfallen für den Betrieb Pflege- und Wartungsarbeiten bzw. der Abschluß von Wartungsverträgen.

Viele Betriebe meiden den erhöhten **Verwaltungsaufwand**, der mit einer Eigenreinigung verbunden ist. Bei Vergabe können sämtliche Beschaffungsmaßnahmen, Verbrauchsanalysen, Unfallmeldungen, Einstellungs-, Kündigungsgespräche und dergleichen auf die Fremdfirma übertragen werden. Für die Hauswirtschaftsleitung entfallen auch notwendige Zeiten für Unterweisungen in Arbeitsmethodik, Arbeitssicherheit und Umweltschutzmaßnahmen.

Aus Sicht der **Werterhaltung** von Gebäuden und Einrichtungsgegenständen wirkt sich die höhere Motivation eigener MitarbeiterInnen günstig aus. Mängel werden eher erkannt und gemeldet, viele Gegenstände sorgsamer behandelt. Bei fremdem Personal ist hier eher mit einer gewissen Gleichgültigkeit zu rechnen.

Im Interesse der **Abteilung „Hauswirtschaft"** ist die Eigenreinigung durchaus erwünscht. Durch die größere Zahl eigener MitarbeiterInnen bekommt die Abteilung innerhalb des Hauses ein stärkeres Gewicht, die Hauswirtschaftsleitung kann die Interessen ihrer Abteilung mit mehr Nachdruck vertreten. Wird die Reinigung an eine Fremdfirma vergeben, so ist die Zahl hauswirtschaftlicher Mitarbeiter häufig sehr gering. Das Aufgabengebiet der Hauswirtschaftsleitung beschränkt sich dann weitgehend auf reine Kontrollfunktionen.

Für die Entscheidung zwischen Eigen- und Fremdreinigung sind die **Kosten** häufig von ausschlaggebender Bedeutung. Bei vielen Kostenvergleichen schneiden zunächst die Fremdfirmen im Vergleich zur Reinigung mit eigenen MitarbeiternInnen günstiger ab. Die gewerblichen Gebäudereinigungsfirmen erhalten aufgrund der großen Einkaufsmengen für Arbeits-, Reinigungs- und Pflegemittel deutlich höhere Mengenrabatte als der einzelne Betrieb. Durchdachte Organisation, rationelle Arbeitsweise und eine eventuell bessere Ausstattung der Fremdfirma mit Arbeitsmitteln können sich ebenfalls kostensenkend auswirken. Die Tarife der Privatunternehmen liegen im allgemeinen unter denen des öffentlichen Dienstes, so daß auch hier kostengünstiger kalkuliert werden kann.

Manche **Kostenkalkulationen** erweisen sich aber häufig im Nachhinein als unrealistisch. Wie bei den Ausführungen zum Leistungsverzeichnis (s. Kapitel 9.2.2) bereits erwähnt, können die Reinigungsunternehmen die anfallenden Sonderleistungen nicht vorab kalkulieren. Diese werden nachträglich einzeln abgerechnet; oft übersteilgen sie die anfänglichen Kostenplanungen in erheblichem Umfang. Läßt man Sonderleistungen von eigenem Personal ausführen, so fallen auch hier Kosten an. Das würde aber im Vergleich zwischen Eigen- und Fremdreinigung eine Kostenverzerrung bedeuten, wenn für einen realistischen Kostenvergleich nicht der gleiche Bewertungsmaßstab zugrunde gelegt würde. Sonderleistungen müssen in beiden Fällen mit einbezogen und Qualität der Reinigungsleistung und damit der erreichte Hygienestandard vergleichbar sein.

Ein Gesamtkostenvergleich zwischen Eigen- und Fremdreinigung muß daher eine Gegenüberstellung folgender Positionen beinhalten (s. auch Kapitel 9.2.6):

Kostenarten bei Eigenreinigung	Kostenarten bei Fremdreinigung
● Personal-/Overheadkosten ● Verbrauchskosten ● Kapitalkosten/Leasinggebühren ● Reparatur- und Wartungskosten ● Fremdleistungen ● Verwaltungskosten ● Energiekosten ● Abfallbeseitigungskosten	● Fremdreinigungskosten ● Overhead-Kosten ● Verwaltungskosten (eingeschränkt) ● Energiekosten ● Abfallbeseitigungskosten

Für die **Entscheidung zwischen Eigen- und Fremdreinigung** gibt es keine eindeutige Antwort. Vor- und Nachteile sind in jedem Einzelfall zu prüfen und nach den Gegebenheiten des Hauses gegeneinander abzuwägen. Auch wenn häufig die Tendenz zur Reinigungsvergabe besteht, da sie bei vielen Reinigungsobjekten zunächst kostengünstiger erscheint, sollten die Vorteile der Eigenreinigung nicht außer acht gelassen werden. Diese lassen sich – wie oben erwähnt – nicht immer in Zahlen ausdrücken und somit den Entscheidungsgremien (z.B. der Verwaltung) exakt definieren. Voraussetzung für die Wirtschaftlichkeit ist in beiden Fällen die genaue Festschreibung der Reinigungsleistung – d.h. auch bei Eigenreinigung muß ein Leistungsverzeichnis erstellt werden – und eine gut strukturierte Organisation. Ist das erfüllt, sind beide Wege leistungsfähig.

> ▶ *Bei einer Eigenreinigung liegt die Reinigungsorganisation in der Hand der Hauswirtschaftsleitung. Die MitarbeiterInnen sind Angestellte des Hauses.*
> ▶ *Bei einer Fremdreinigung werden alle Reinigungsarbeiten an eine Gebäudereinigungsfirma vergeben. Die MitarbeiterInnen sind Angestellte dieses Unternehmens.*
> ▶ *Für die Eigenreinigung spricht*
> *– der direkte Kontakt zwischen Hauswirtschaftsleitung und Reinigungspersonal*
> *– die große Flexibilität in der Reinigungsleistung*
> *– die große Motivation der MitarbeiterInnen*
> *– die geringe Fluktuation der MitarbeiterInnen*
> *– die hohe Werterhaltung von Gebäude und Einrichtungsgegenständen*
> *– die stärkere Gewichtung der Abteilung Hauswirtschaft*
> ▶ *Für die Fremdreinigung spricht*
> *– die Reduzierung der Verantwortung der Hauswirtschaftsleitung*
> *– die Übertragung des Personalproblems auf die Fremdfirma*
> *– der geringere Aufwand für Einweisung und Schulung des Personals*
> *– der geringere Verwaltungsaufwand im eigenen Betrieb*
> *– die umgehende Anpassung an Neuerungen der Reinigungstechnik*
> ▶ *Kostenvergleichen zwischen Eigen- und Fremdreinigung müssen gleiche Bewertungsmaßstäbe zugrunde liegen.*

❶ Erklären Sie den Begriff „Overhead-Kosten".

❷ Stellen Sie die Aufgaben zusammen, die für eine Hauswirtschaftsleitung bei der Vergabe der Reinigung verstärkt anfallen bzw. entfallen.

9.4.2 Schritte der Reinigungsvergabe

Hat ein Betrieb sich für die Reinigungsvergabe entschieden, so wird zunächst eine **Ausschreibung** erstellt. Ihr sollte eine allgemeine Leistungsbeschreibung und ein detailliertes Leistungsverzeichnis – verbunden mit einem Flächen- und Raumverzeichnis – zugrunde liegen. Die Ausschreibungsunterlagen werden mehreren (ca. drei bis fünf) Gebäudereinigungsunternehmen mit der Aufforderung zur **Angebotsabgabe** und dem Vorschlag zur Objektbesichtigung zugesandt. Nach Rücklauf der Angebote erfolgt eine **Angebotsprüfung** mit Kosten- und Leistungsvergleich.

Bevor die Entscheidung für ein bestimmtes Gebäudereinigungsunternehmen fällt, sollte auch die **Seriosität der Anbieter** geprüft werden. Diese kommt z.B. durch folgende Merkmale des Dienstleistungsunternehmens zum Ausdruck:

- *Eintragung des Betriebes in die Handwerksrolle*
- *Mitgliedschaft des Betriebes im Innungsverband*
- *Unbedenklichkeitsbescheinigung des Finanzamtes*
- *Nachweis über Entrichtung von Sozialversicherungsbeiträgen*
- *Nachweis über Zahlung von Tariflöhnen*
- *Abschluß einer Haftpflichtversicherung in ausreichender Höhe*
- *Angaben zur Qualifikation der Beschäftigten*
- *Referenzen anderer Betriebe*

Diese Angaben werden entweder vom Anbieter selbst dargelegt oder sind z.T. beim Innungsverband des Gebäudereiniger-Handwerks zu erfragen.

Nach Abschluß der Prüfung des Angebotes und der Anbieterfirma folgen die **Vertragsverhandlungen.** Vom Bundesinnungsverband des Gebäudereiniger-Handwerks werden Musterreinigungsverträge herausgegeben, die als Vertragsgrundlage dienen können.

> ► *Schritte der Reinigungsvergabe sind:*
> *Ausschreibung, Angebotsabgabe, Angebotsprüfung, Vertragsverhandlung*

Wir bedanken uns bei den folgenden Firmen und Institutionen für Ihre Unterstützung durch Informationen und Bildmaterial:

Berufsgenossenschaftliches Institut für Arbeitssicherheit, St. Augustin

BODE Chemie GmbH & Co. Hamburg

Bundesverband des Gebäudereiniger-Handwerks, Bonn

cleanmaster, Oberhausen

Deutsche Gesellschaft für Hygiene und Mikrobiologie, Gelsenkirchen

EMCO - Erwin Müller GmbH & Co., Lingen

Europäische Teppichgemeinschaft e.V., Wuppertal

Forschungs- und Prüfinstitut für Gebäudereinigungstechnik, Dettingen

Hammerlit GmbH, Leer

Hauptverband der gewerblichen Berufsgenossenschaft, St. Augustin

Henkel Hygiene GmbH, Düsseldorf

Alfred Kärcher GmbH & Co., Winnenden

Lever Sutter AG, Münchwilen

Miele u. Cie., Gütersloh

NILFISK AG, Rellingen

OSTRA-Fliesen GmbH, Meerbusch

Richtlinien der Gesundheitsbehörde der Hansestadt Hamburg

SORMA - Paul Andrä KG, Lorch

Henry M. Unger GmbH, Solingen

Vermop Salom GmbH, Wertheim

Vileda GmbH, Weinheim

Wetrok GmbH, Düsseldorf

Alle weiteren Abbildungen nach W. Kreft

Sachwortverzeichnis